光照进来的地方

曾玲娟 等著

广西科学技术出版社

图书在版编目（CIP）数据

光照进来的地方 / 曾玲娟等著. —南宁：广西科学技术出版社，2022.12（2024.2重印）
ISBN 978-7-5551-1841-1

Ⅰ. ①光… Ⅱ. ①曾… Ⅲ. ①应用心理学—文集 Ⅳ. ①B849-49

中国版本图书馆CIP数据核字（2022）第205962号

GUANG ZHAO JINLAI DE DIFANG
光 照 进 来 的 地 方
曾玲娟　等著

策　　划：何杏华　　　　责任校对：苏深灿
责任编辑：陈剑平　　　　责任印制：韦文印
助理编辑：秦慧聪　　　　封面设计：韦宇星

出 版 人：卢培钊
出　　版：广西科学技术出版社
社　　址：广西南宁市东葛路66号　　邮政编码：530023
网　　址：http://www.gxkjs.com

印　　刷：广西民族印刷包装集团有限公司

开　　本：787mm × 1092mm　1/16
字　　数：190千字　　　　印　　张：15.25
版　　次：2022年12月第1版
印　　次：2024年2月第4次印刷
书　　号：ISBN 978-7-5551-1841-1
定　　价：48.00元

南宁师范大学教育科学学院曾玲娟教授（中间捧花者）和2019级应用心理学专业部分学生留影

赵艳玲

王子璇旸 曾玲娟

马[illegible]昱

黄泳铭

Lu xiao zhen.

何秋泳

杨瑛华 李小倩

岁月馈赠

——写在前面的话

白驹过隙，回想走过的岁月，我一直不曾离开过学校，不是在学校，就是在去学校的路上。我的母亲是人民教师，于是我在校园出生，在校园长大。再往后，不是自己当学生，就是在教学生。从进入心理学这个专业学习到从事这个专业的教学迄今已有三十余年，回首间，感谢岁月馈赠给我的心理学专业训练和教学生涯的历练沉淀，让我在生活中不断地捡拾起一颗颗小玻璃珠，它们在阳光下折射的一道道光，照亮我的周围，也照进我的内心，让我不断地用“心”去看见。

心理学和心理咨询

我是因为望文生义而选择了心理学这个专业的。整个高中阶段，我被物理搞得痛苦不堪，被数学整得七上八下，被“新贵”课程 BASIC 语言弄得晕头转向，作为一名理科生，传统的数理化专业和时髦的计算机专业都让我心生怯意。于是，我发现了心理学。然而，当时的我并不清楚它究竟是什么，天真地以为学了它就可以知晓别人的各种小算盘，从此自己不再傻乎乎，并且当年开设这个专业的大学和科研机构国内仅有五家，这也切合了我离家远游的小心思。在填报志愿的时候，父母为我选择了华东师范大学，而我则悄悄地把他们填报的计算机专业换成了心理学专业。当录取通知书送到的时候，妈妈有些失落，她说了一句：“我的心理学老师讲的东西一点用都没有！”我这才知道，原来妈妈接触过心理学，只不过这个学科给她的印象除了无用还是无用。最终，我还是快快乐乐地来到了上海，开始了与心理学“纠缠”的日子。

这真是一个小众专业，我们那一届心理系共招收42人，分为普通心理学和特殊教育两个专业。课程内容远远没有我想象中的那么魔幻神奇，学习的都是基础理论知识，我不知道离自己能看透人心到底还有多远的路要走。当别人听说我是学心理学的，都会毫无悬念地来一句：“你猜猜我在想什么？”我只好慌忙转移话题。当别人问我心理学到底有什么用时，我就鹦鹉学舌地把老师的话说出来：“心理学是万金油，啥都能干。”那个时候，我其实还不懂这句话的含义，也真不知道所学习的东西在现实中到底有什么用。

在我参加的大学第一场讲座上，老师提了一个问题：“一个姑娘去相亲，她先到达约定地点，而相亲对象晚到了几分钟。他急忙道歉：‘我去见我的心理咨询师，没想到在咨询结束过来的路上遭遇了点意外而耽误了时间。’如果你是这个姑娘，得知相亲对象去接受心理咨询，你是立马借故离开再不往来，还是会因此更愿意和他继续交往？”这是我第一次听到“心理咨询”。现场窃窃私语，听得出来，大多数人赞同离开再不往来。“他去接受心理咨询，说明他有病啊，干吗要找个有病的？”其实我也是这么认为的。老师胸有成竹地笑了，他说：“没错，绝大多数中国姑娘的选择跟你们的一样，但如果那是个美国姑娘呢，那她更有可能继续交往。”看着我们迷惑的眼神，老师不慌不忙地解释说，因为她会从男士的话里推断出两个信息：小伙子有才，也有财。在美国，心理咨询费用不菲，能定期去接受心理咨询的人很大可能是素养高且有足够经济能力的人。哇，心理咨询这么厉害！听完讲座后终于让我感觉心理学在生活中是有点用的，是可以“赚大钱”的。然而，这个名词在我们的课程中并没有出现过多少次，因为那个时候国内还没有心理咨询的市场，更不要说学校心理健康教学。尽管学校开设了多门心理学专业课，但我不知道这些课的内容到底跟我的未来有怎样的关联，以至于毕业时除了知道自己可以教心理学的课，到底还能做些什么具体工作，实在是说不清楚。关于整个心理学大厦中的那一个小房间——心理咨询的“高大上”的认识，基本上就停留在那次讲座中了。

变态心理学和医院见习

心理学专业的学生，绕不开一门课，叫“变态心理学”，到现在我依然记得听到课程名称时的心情比学习课程内容时激动多了。这门课程涉及的心理疾病案例有很多都能在现实生活中遇到。任课老师专门安排我们去医院精神病房见习半天，那是我第一次见到精神病患者不再避而远之，我现在还记得那一次见习的场景：窗外阳光明媚，一名患者眉飞色舞地用上海话给我和我的同伴讲毛主席经常出现在他家里。如果当时我不是在精神病房，我一定会仰视他。后来我又到北京师范大学心理系攻读硕士学位，那时候大城市里已经开始出现一些心理咨询机构，我也接触到了一些心理咨询的相关课程，并再次因为研究生课程中的变态心理学到医院见习，去和患者面对面，去观察他们的言谈举止。现在想来，那时的我更多地聚焦在患者的症状表现上，也就是去看看书本上描述的那些症状在真实的患者身上是“长”什么样的，并没有要去追根溯源的意识，只关注心理变态的终端表现，没有去思考患者为什么会变成那样。

再后来，我成了变态心理学的授课教师，在课堂上给学生讲各种变态心理的症状。然而学生听着这些描述，就如同当年的我，远没有刚拿到《变态心理学》课本时那么兴奋。因为这些疾病中的许多表现，其实在我们普通人身上也并不少见。患者特有的表现有哪些？我们又如何去识别身边的患者？我想起了那两次短暂的见习给我留下的深刻印象，于是，我也在课程中安排了半天的医院见习。由于时间太短，我们基本上只能听一听医生和患者的交谈，医生会通过一定技巧和话术引导患者把自己的症状描述出来。偶尔还会遇到刚好在发病期但没有暴力倾向的患者，在医生的引导下，这样能更清楚地看到其症状。说是看症状，其实更多时候是“听”症状，因为如果不是患者自己说出来，我们根本就无法知道他“看见”了我们看不见的东西，“听见”了我们听不见的声音。

心理学史上有一个有名的研究——“这儿，谁是疯子”。1972 年，心理学家大卫·罗森汉恩做了一个实验研究：让正常人假扮精神病患者进入精神病院，结果没有一个人被识别出来。这个研究说明，精神疾病诊断中环境因素远远大于自身因素的影响，也就是说，即便是心理卫生专业人员，区别精神疾病和精神健康也是有很大难度的，同时也证明了精神疾病的污名效应。曾有人发起过一项 1300 多名精神病患者参加的调查，大多数被调查者的报告反映，受精神疾病污名影响或被歧视的感受来源于多个方面，其中包括一般公众、家庭成员、同事，甚至心理卫生专业人员。如今，人们对精神疾病的诊断能力不断提升，而我们也要辩证地看待精神疾病的标签效应：一方面，它们是有效治疗心理障碍的必要部分，因为疾病的命名是诊断和治疗疾病的一部分；另一方面，我们又要警惕疾病标签化所引起的污名、困窘和羞愧，要为去除这种困扰而努力。这个实验研究让我开始思考：我们的学生到医院去见习的内容仅仅是观察各种精神疾病的症状吗？到底该如何将见习与他们未来的工作和生活关联在一起？至此，我才有意识地把关注点放在精神病患者的生活史上面。

心理疾病和心理卫生

近些年来，越来越多的同事或朋友打来电话，为他们的朋友或亲属孩子的心理或精神异常求助，通常都是简单说一两句便单刀直入问“怎么办”。在简短快速的交流中可以发现，无论症状的导火索在不在学校，家庭互动和家庭关系都在其中起着至关重要的作用，有的是家庭是直接起因，有的是家庭在推波助澜，但只有当孩子的症状日趋严重，最终无法完成学业时，父母才会辗转打听怎么办。此时的电话都隐含着一个期盼：你帮我搞定孩子，别去医院行吗？哪怕你能帮我将医生约出来见个面。

我常常惋惜家长没有提前介入，没能给孩子正确的指导。“冰冻三尺非一日之寒”，经过无数个日夜的挣扎，孩子已处于危险边缘，他们已经等不起了。这个时候简短的隔空指导对孩子已经起不了太大作用了，尤其是在我和那个孩子之间，隔着家长或家长的朋友。即便是到了这个时候，家长仍然在害怕医院这个环境。其实，我作为母亲，也挺能理解家长们的无助和恐惧，人对未知的事物要么好奇，要么恐惧，要么好奇加恐惧，这也是人之常情。

我又想起了那个男方接受心理咨询的相亲案例。在成为教师的头两年，我常给学生讲同样的案例，问同样的问题，果真学生都被这个案例制造的小悬念吸引住了。用了几年后，我自己都没有了讲述的激情，便换成了其他开场白。尤其是当下，心理咨询早就不是新名词了，一些学生之前所在的中学也都开设过心理健康课，并有心理辅导室。后来，我想再用这个案例来测测现在的大学生对心理咨询的看法。当我把这个久未讲过的案例和问题在公共课的课堂上再次讲出来的时候，我以为大家都会毫无悬念地选择“继续交往”，然而，出乎我的意料，依然有不少学生认为去接受心理咨询的人是有病的，很多学生表示他们自己不愿也不会去接受心理咨询。

随着年岁的增长，我越来越体会到“一体两面”“福祸相倚”的含义，就如同每当一部关于心理咨询或心理学的影视作品上映时，我常带着欢欣与期待——终于心理咨询要在越来越多的人面前揭开神秘面纱了，然而，又常常在观看时如鲠在喉。作为一名心理学专业教师，如果要“站队”，我到底是希望这样的影视作品多拍一些，还是反对这样的影视作品呢？后来我终于想明白了，我很钦佩编剧和导演们的勇气。影视作品有影视作品的需求，特别是它要服务于市场需求，要吸引观众，要制造高潮并将观众带进跌宕起伏的情节中，这个跟心理咨询中的“慢慢来”必然存在矛盾。不过，也正是由于有这些影视作品，才有了短时间内让大众快速“看到”心理咨询的机会，尽管人们在观看的时候可能会对这个专业产生一些误解。心理咨询对人们来说还是一种相对新鲜的事物，这些心理题材的影视作品无疑是勇敢的，具有实际意义的，它引发了大众的关注甚至争辩，这就是它的价值所在。当人们能够理性地讨论或辩论其中的内容时，这对于专业人士或非专业人士来说都是一种促进。专业人士为了让非专业人士理解并接受自己的观点，必须把枯燥难懂的专业术语转化为通俗浅显的语言来阐述，而心理学作品无疑具有这一作用。在今天，心理卫生已经是人们不得不面对的事物，不怕有争论，就怕无人论。

尽管心理疾病、心理咨询这些词语在人们嘴边出现的频率越来越高，但还是有许多人对去医院接受心理咨询或心理治疗有着强烈的抵触和深深的恐惧。正如给我打电话描述孩子情况的家长大多数已经心神慌乱，孩子在彼时也已经等不得“慢慢来”，而我只能建议家长带孩子去接受进一步的专业评估。当然，我常常也会顺带着做点科普工作，包括对医院心理科、精神科的区别以及疾病用药的简要说明，一方面帮助家长减少对医院的畏惧，及早明确孩子的状况；另一方面如果孩子确实要进入治疗阶段，家长能够保持适当的心态陪伴孩子。其实，我更希望家长能够早一些在孩子的生活中发现端倪，尽早介入。那么，怎样才能让家长或老师在孩子的疾病前期接收到孩子发出的求助信号呢？

心理保健和心理服务

名医扁鹊有许多传说流传至今。有一次，魏文王问扁鹊：“你们家兄弟三人都精于医术，到底哪一个最好呢？”扁鹊回答说：“大哥最好，二哥次之，我最差。”文王奇怪：“那为什么你最出名？”扁鹊回答：“大哥是治病于病情发作之前，由于一般人不知道他事先能铲除病因，因此他的名气无法传出去。二哥是治病于病情初起之时，一般人以为他只能治轻微的小病，所以他只在本乡有名。而我是治病于病情严重之时，一般人都看到我在经脉上放血、在身体上动刀等大手术，以为我的医术高明，所以全国有名。”

我很喜欢讲这个故事，经常借它来讲心理保健、心理咨询和心理治疗之间的关系，形象又干脆，简单又易懂。对于大众而言，病入膏肓再得以疗愈虽是一件值得庆幸之事，但却会大伤元气，更有甚者，还可能久治难愈，让人劳伤。心理疾病不同于生理疾病，它的形成不像生理疾病般显而易见，其治疗也不似生理疾病般立竿见影，然而其产生的影响可能更深更广。如果我们将工作重心前移，像扁鹊的大哥那样防治未病，注重心理保健，那么就可以避免更多的孩子走到病情严重的地步，孩子将有更美好的未来，家长也能更安心地工作。

积极心理学认为，心理学有三项使命：治疗精神疾病，帮助人们获得幸福的能力，发现并培养有天赋的人。进入21世纪，心理卫生工作不能再被动地停留在治疗心理疾病阶段，而是要主动出击，自心理疾病终端溯源，让更多的人看清疾病的由来，成为疾病发生发展链条上的阻断因子，使人们成为自己幸福生活的缔造者。这应该成为当今时代心理服务的主流任务。

去医院见习是这些年来南宁师范大学教育科学学院应用心理学专业学生的一段难忘经历，虽然只有短短五天，但是他们都很期待、认真，并形成自己的见习报告。初始的见习报告交到我手上时，给我“行云流水”般的感觉，“流水”即流水账，如“行云”般轻描淡写，偶尔能见到抒发感慨的文字，但这些文字因为依托的内容太寡淡而显得苍白。即便如此，我还是能从字里行间看出学生们心里的某些地方被触动了，他们由最初对医院门诊或病房里那些心理异常者单纯的好奇感和畏惧感转变为自己的使命感和责任感，对患者的人文关怀和共情初见端倪。于是我想，是否可以尝试借他们的双眼，替许多好奇和畏惧的人去“看看”这些地方，打开心理专科医院这个“黑匣子”的一道道缝，让更多的人能够“看见”这里面其实是有光亮的——患者的光亮，医生的光亮。当这些缝越来越大的时候，也就意味着这个匣子越来越亮堂了，到那个时候，人们在看待心理疾病患者时，是否就像看待一个感冒患者或者肠炎患者一样自然？到那个时候，当人们感觉无能力进行自我调节时，是不是就会像自己感冒发烧、长泻不止要求助医生一样自然地求助心理医生？

纪实电影中的主角扮演者为了扮演好主角，会去到主角生活过的地方走访、体验，收集人们对主角的描述，以塑造出一个有血有肉的人物形象。这让我想起了报告文学这种体裁，并从中得到了启发，我们要呈现的东西或许可以借鉴这种体裁，让学生去回忆挖掘见习过程中的基本素材，并在此基础上，用故事元素将这些素材串起来，再将心理学的一些专业知识融入其中。经过启发，学生终于跟上了我的思路，他们对所掌握的基本素材进行了加工，加强了对那些看到的、听到的患者症状的情节描写，让那些文字不再是冷冰冰的字符介绍，而是一个个相对完整独立的小故事。然后，我再在他们描述的故事中适当地加入一些有关疾病影响因素的分析以及疾病干预的通俗内容。

初战告捷，写作方式确定下来了，接下来是大范围指导修改工作。由于每个学生的理解不一样，也由于学生在见习过程中深入的程度以及对文字的驾驭能力不同，初稿质量不佳，没有抓住重点。大部分学生在经历了三至四稿的修改后便放弃了，最终只有15名学生和我一起坚持了下来；有些学生前后经历了九稿之多，这九稿是我和他们共同的修改，还不包括他们自行修改的次数。我们相互鼓励，在他们的文字中，我感受到他们对这个专业越来越强的责任感，他们越来越能够去靠近患者并体会患者的恐惧或者孤独，越来越能够体会到医者仁心的不易，越来越被医患双方的真情实意打动。至此，一篇篇见习报告变成了许多个小故事，都取材于现实，但又不是对某个患者的“写真”，主要是校园故事或家庭故事，同时这些又是许多人都有过的经历，因此具有典型性。亲爱的读者，也许你会在某个故事中看到自己的一部分或影子，请勿对号入座，但如果你可以由此去觉察、去反思，那就是这本书最大的价值体现了。这些故事就像一面面镜子，我希望你能够借助它看清自己，在沉思中成长，哪怕最后带来的只是些许改变。

当孩子痛苦时，他们大多不懂得该怎样以成人眼中“合理”的方式来展示自己的痛苦，但他们会本能地逃避、反抗、哭泣，愤怒、厌恶、悲伤，这些都可能是他们发出的信号，但他们又可能因这些成人眼中的幼稚、不合理、不听话的方式受到深深嫌弃，于是孩子就在嫌弃和忽视中一步步走向深渊。“当你在凝视深渊的时候，深渊也在凝视着你。”本书呈现的多为青少年陷入“深渊”的故事，我们的本意不是危言耸听地去描述“深渊”，而是想提醒更多的人警惕“深渊”，远离“深渊”，不要被“深渊”吞噬。孩子年龄越小，越不具备对“深渊”的识别与防范能力，在他们成长的过程中，耐心的倾听、温暖的陪伴、智慧的引领、真爱的支持都是父母长辈馈赠给他们的珍贵礼物，都会成为他们远离“深渊”或逃离“深渊”的强大动力。事实上，在我们收集素材的过程中，许多患者很乐意将自己的故事说出来，因为我们在真诚倾听，这在你阅读故事时就能感受到。当一个人被无视得太多、被忽视得太久的时候，积压的情绪最终会击垮他。倾诉本身就具有疗愈的功能，如果在他们患病之初，有人耐心地去倾听、陪伴他们，他们也不会在深渊中坠落。烟花会谢，笙歌会停，世间并无长景，但爱是一道光，不求璀璨耀眼，但求岁月中有了柔光，人间也就有了烟火气。

本书凝聚了应用心理学专业 15 名学生的真情实感，以及广西科学技术出版社编辑们的辛勤付出，书中所有插画由广西物资学校的梁燕燕老师根据文字内容原创完成。在此对他们一并致以诚挚的感谢。

一路走来，总有感慨，下笔之时，却又惶然。起意写作本书，虽非心血来潮，但也是在懵懂中前行，最终写下这些，也算是心路的回首吧。

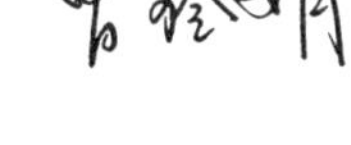

2022 年 3 月

目录

走进那一扇扇门
陈韦逸然　曾玲娟
- 001 -

每朵乌云都镶有金边
马集显　曾玲娟
- 015 -

在一起
覃悦　曾玲娟
- 032 -

岁月有痕，心中有爱
杨瑛华　曾玲娟
- 047 -

愿世界温柔以待
李秋漫　曾玲娟
- 065 -

恒温 36 ℃的家
马辛　曾玲娟
- 085 -

见习五日谈
黄泳铭　曾玲娟
- 098 -

关爱与执念
刘丽婷　曾玲娟
－116－

走进情感“精灵”的世界
何秋泳　曾玲娟
－133－

少年之殇
李小倩　曾玲娟
－150－

心中有暖，人生不荒凉
卢小珍　曾玲娟
－161－

向鱼问水，我看见自己
彭丽萍　曾玲娟
－175－

冬寒花败，春暖花开
闭耀敏　曾玲娟
－191－

缝隙有光照
赵艳玲　曾玲娟
－207－

感同身受
王子璇旸　曾玲娟
－217－

后记
－225－

走进那一扇扇门

陈韦逸然　曾玲娟

接受真实的“我”，无论“我”是谁，都要满怀爱意地聆听自己身体发出的讯息。我们仍为春日繁花惊艳，为夏日绿荫感激，为秋日余晖驻足，为冬日飞雪怡情。

站在高高的门诊大楼前，我不禁浮想联翩，走进去，我会遇到怎样的人，又会听见怎样的故事？推开那一扇扇门，我朝那些并不神奇但又自带神秘感的人们走去。

走进“森田”之门

森田正马，日本东京慈惠会医科大学教授，他在东方文化的基础上创立了森田疗法，又叫禅疗法、根治的自然疗法。在创立之初，森田疗法主要适用于强迫症、社交恐怖、广场恐怖、惊恐发作的治疗，另外对广泛性焦虑、疑病等神经症，还有抑郁症等也有疗效。随着时代的发展，森田疗法治疗适应证已从神经症扩大到精神病、人格障碍、酒精药物依赖等，以及正常人的生活适应和生活质量提升。其实，森田疗法是一门人生学问。听说精神病专科医院的森田疗法很有特色和成就，我在前往科室的路上更期待了。

森田病区独立于门诊大楼，需要走过一条小路才能到达。这里环境幽静且有禅意，三层楼的建筑，朱红色的柱子，木质的走廊凳子，结合庭院中的树木、凉亭、小池、小桥、石碑，很有日式和风的感觉。病区走道上挂着一些故事、格言，讲述它独有的“顺其自然，为所当为”的理念。

在这里遇到的第一名患者是个中年男子，我们暂且称他为“步行者”。走进他的房间，就看见桌子上摆着一盒盒不同种类的药，有口服的，也有注射的，名字都很长。“步行者”拿着各种塑料袋正与妻子争辩着这些药该怎么放，他眉头微皱，声音有些急躁。在与医生的交流中，他表示自己仍然感到很焦虑。因之前得知自己患上了心肌梗死，他便什么都不敢做，天天卧床，然而他不仅没有感觉好转，反而出现胸闷心慌、头痛头晕和失眠等症状，这使他更加焦虑、恐惧，还一直胡思乱想，结果被内科医生介绍来了心理科。他一边讲述一边在房里来回走动，音量也渐渐增大。看到他焦躁不安，医生给他布置了一个小任务，要求他从今天起每天都行走 5000 步以上。后来医生告诉我们，“步行者”是负性情绪过滤出了问题。焦虑本身不见得都是有害的，适度的焦虑是有益的，会提醒人们警觉已经存在的各种危险，具有保护作用；当并无明确诱因或仅仅只有微弱诱因但焦虑过度时，才被视为病理性的。对于“步行者”来说，心肌梗死只是诱发他焦虑的源头，由于他每时每刻都在想着心肌梗死的危险性，以致焦虑严重，并出现了精神运动性不安、躯体不适感和植物神经功能紊乱。

给他布置具体的步行任务，可以强制性地将他的注意力从对心肌梗死的过度关注中分离出来，减少他的胡思乱想。不确定的东西，很容易让人患得患失，导致焦虑，而增强人的控制感则有助于降低焦虑。当一个人焦虑的时候，做点实际的事情，比如说整理桌面、打扫房间等，均可减少焦虑感。看着“步行者”听话地在森田病区漂亮的走廊上走动，我想他一定会慢慢领悟到森田疗法的应用之道。

第二名患者是一个被诊断为重度抑郁发作的阿姨，她身材微胖，留着短发，说话时露出两颗比较凸出的大门牙，有点像小鼹鼠，我们称她为“鼹鼠阿姨”。看到医生进了病房，她就坐到自己床上，在回答医生问题的过程中，她时而交叉握住双手，时而搓手，双腿也拘谨地并在一起，眼神有些飘忽，说一句话要眨四五下眼，被问到某些问题的时候还会转头看身后的儿媳妇，显得很紧张。“鼹鼠阿姨”诉说自己夜间睡眠不好，担心自己服用的药剂量太大，对自己的情况表现

得极其焦虑。医生表示她的药已经调到很小剂量了，让她不要过于担心。出了病房，医生给我们介绍了“鼹鼠阿姨”的情况，说她前不久才自杀未遂，这与她十分配合的态度形成了巨大反差，令人难以置信。她现在能够积极配合治疗，但整体上还是表现出明显的焦虑。

还有一名让我印象深刻的患者，是一个十几岁的妹妹，我们称她为“淡漠者”。我们进到她病房的时候，她是醒着的，却仍躺在床上。她有好几个家属陪同，家人叫她，她才缓慢起身，神情淡漠，给我一种刚睡醒或不想交流的感觉。交谈过程中，都是家人在描述她的症状：焦躁易怒，情绪不稳，什么都不想做，外出时会突然说“我好烦啊！”；她还有甲亢病史，这也影响着她的情绪，总体表现为情绪低落、兴趣减退等。而她就淡漠地坐在床上听着，很少有反应。后来她突然痛哭起来，说想回家，豆大的泪珠落了下来。我们一时无措，而医生似乎见惯了，安慰道：“病还没好怎么回家呀？养好病了就可以回家了。”她慢慢平静了下来。这是我们在病区看到的第一个同龄人，在十几岁的年纪，就有了如此曲折的经历和痛苦。

在之后的查房过程中我还见到了很多患者，有郁郁寡欢的青壮年人，也有积极配合治疗的老年人，虽然年龄不一样，但是他们或多或少都表现出相似的症状，就如医生所介绍的，森田病区的患者以抑郁和焦虑者居多。尽管单纯抑郁障碍和单纯焦虑障碍都有各自相关的危险因子，但焦虑和抑郁具有很高的共病性，共病性的出现会导致一种可能更严重的疾病类别，即混合性焦虑抑郁障碍。这类疾病的患者同时存在焦虑障碍和抑郁障碍，但两组症状分别考虑时都不足以符合各自相应的诊断，而且持续或间歇存在一些植物神经症状。现实生活中这类患者很多，他们处于发生焦虑症和抑郁症的危险中，如果没有一个合适的疾病标签，这些患者很难得到及时且恰当的治疗。

走进“儿少”之门

儿童青少年病区与森田病区在同一个区域，环境也非常好。门牌都是可爱的小动物头像，走廊的挂牌五颜六色，病房内的墙漆是温暖的浅鹅黄色，床单是生机盎然的草绿色，充满了童趣。这都是为这里的居住者——青少年儿童量身打造的。

第一个环节是看孩子们上课。宽敞明亮的多功能厅里，伴随悠扬的音乐播放的是治愈系的寓言故事。我看着孩子们一个个走进教室，穿着居家的睡衣和拖鞋，都显得很放松。今天上的是画画课，孩子们用白纸自行作画或是在手绘填色书《秘密花园》上填色。在轻柔的音乐声中，孩子们都认真地忙碌着，医生会走到孩子们中间巡视并时不时地和他们交谈。可是很遗憾，我们没来得及看到孩子们的成品，因为我们要跟着医生去查房了。

在查房的路上，带教医生告诉我们，这里的患者以十几岁的青少年居多，他们基本都有过自伤或自杀的行为。在查房过程中，有两个患者给我留下了深刻的印象。

第一个是一名十二岁的小男孩，我称他为“小腼腆”。他把手插在口袋里，坐着抖着腿，医生问话也不回答。他奶奶说他爸妈离婚了，他从小就不喜欢说话。等医生再次询问时，他只用点头、摇头或者简短的话语来回答。医生问他有没有不开心、担心、紧张、害怕或是心情不好，他表示说不出来，就是心情不好，持续多久也不知道，高兴不起来，对什么都不感兴趣，不想动，入睡困难且易醒，多梦，觉得同学有一点针对他，心慌，害怕，头昏……但这些都说不出原因。听到这些，我有些难受，明明是花骨朵的年纪，却因为家庭的变故或学校的不适应，使“小腼腆”失去了兴趣和开心的理由。

第二个也是男孩，我称他为“小胖”。我们没看过他的病历，这是我们第一次自行与患者面对面交谈。他身材微胖，戴着一副黑框眼镜，步子有点“妖娆”，让人感觉与众不同。我早上曾见过他，当时他显得比旁人要兴奋许多，动作和话语都比较多。他很乐意跟我们几个女生交流。他自来熟地说：“来吧，都说说混什么圈。我最近不怎么混娱乐圈……”我们都惊讶于他的热情外向，毕竟一开始我们还担心会因交流困难而冷场。大部分时间都是“小胖”在分享自己的兴趣爱好，根本不需要我们提问，他就能滔滔不绝。我观察到他的动作有点女性化，说话故意捏着嗓子、声音尖细，情绪激动时会捂脸、翘兰花指，等等。他将自己收藏的图片展示给我们看，整个过程都表现得很兴奋。

我积极地回应他并表示理解。由于交流时间有限，我们没能知道“小胖”为什么来到这里，与他告别的时候，他有点不舍，也许是少有人给他无条件的接纳与理解吧。命运只负责洗牌，出牌的永远是我们自己，无论如何，都希望“小胖”能够勇敢面对生活。

在儿童青少年病区，还有一些比我们小很多的孩子，他们手上戴着蓝色手环，有的神情淡漠，有的看上去与正常孩子没什么区别。青少年儿童的抑郁与成年人不太一样，他们习惯于让别人有愧疚感，通过自伤来使父母愧疚，从而博取父母的关注。他们将伤疤隐藏，有着不一样的内心世界，虽然满腹心事，但是仍要活成自己喜欢的样子。希望他们能够勇敢跨过一个又一个黑夜，活在阳光下，未来还很长，愿他们最后都能拥抱美好。

走进“封闭”之门

最后一天见习在封闭病房，我们组是去成人精神三病区，过程曲折，寻着路终于找到了地方。一出电梯便是等候区，再往里面是一扇铁门，目光所及是护士站。这里的防护很到位，在等了许久并经过问话和沟通后，才有医生拿来一串钥匙给我们开门。这扇铁门后是护士站，两侧是锁上了铁门的病房，还看不到患者。开交班会议的时候，在值班护士报告昨晚情况的同时，我们听到了某一边的病房传来嘶喊的声音，声源很远，像是歇斯底里的挣扎。我心里有一丝丝害怕，害怕患者不受控制，却仍有强烈的求知欲和好奇心。

我们先去医生办公室了解这里的情况并学习相关知识。这里的患者除了患有比较严重的精神疾病，还或多或少存在一些自伤或伤害他人的行为。另外，他们基本上都是家属送来的，因此部分患者并不积极配合治疗，甚至还会出现反抗行为，发狂、情绪激动，严重的甚至会自杀。不过，根据交班工作人员的汇报，更多的状况会发生在晚上，这些都是我们无法见到的。

学习、了解情况后，我们就跟着医生去查房了。我们这次没有再两两分组，而是一群人跟着一位医生，去了右边的病房。铁门背后还挺开阔的，有整齐的座椅，活动空间也宽敞明亮。听到门的响动，在外面活动的患者，不管是站着还是坐着，都齐刷刷地看向了我们，一时间，竟不知是我们来看他们，还是他们看我们，感觉他们像在看新来的动物一样。我看向那一张张面孔，他们的眼里有些是好奇，有些是迷茫和呆滞，有些是戏谑。与其他病区不同的是，其他病区的患者看起来与常人无异，而这里的患者一看就不同于正常人，他们的面部表情和眼神或多或少看起来有些奇怪，这感觉也不知从哪儿来的。可能就是这样的人们，已经很明显地与外界社会脱节而无法融入了吧。

我们不敢乱看乱动乱说话，只是跟着医生。医生没有带我们去人最多的地方，而是先带我们往左拐进了一个小走廊，里面有两间房，门口牌子上写着“隔离病房”。他打开了最尽头的那扇门，映入眼帘的首先是一张竖摆着的病床，上面摆放着衣物和被子，往左边看，才是两张横摆着的病床，上面躺着两名男性患者，都被布绳子绑着手和脚。这间房的墙壁都贴上了淡黄色的皮垫子，摸上去软软的，以防止患者自残。靠外边床上躺着的患者体形硕大，是一位胖叔叔，他闭着眼睛，不知是失去了意识还是在睡觉。里边床上的患者很年轻，浓眉大眼，发型也很利落，在生活中应该是挺受欢迎的类型，称他为“小狂”好了。“小狂”一见到医生，就表现得比较激动，他的话语非常多，医生问他问题，他却不一定回答，而是自顾自地说着自己的梦想，说想当“兵王”，执行秘密行动，说遇见的女孩……他狂傲地笑着，滔滔不绝。“小狂”被诊断为双相障碍，即时而抑郁时而躁狂，以他目前的表现看，是躁狂发作。而胖叔叔昏昏沉沉的，连自己为何会出现在这里都不知道，而且拒绝回答医生的任何问题。这两名患者都是在前一个时段不受控制或是出现暴力倾向，因此院方暂时将他们束缚住，避免他们自伤或伤人。

走出这间房，我们跟着医生来到了大厅，这里就是处于缓解期的病情较稳定的患者们的食堂和活动场所，此时患者们有的在聊天，有的在打牌，有的在看电视，有的躺在长椅上睡觉，也有的在看我们。我们刚来到大厅，就有一名患者朝医生蹦跳着跑了过来，我姑且称他为“小孩子”，尽管他实际上已是一个成年人了。“小孩子”身材矮胖，满脸油光，面色红润。他瞪着眼睛，好像看见什么十分有趣的事物；他苹果肌饱满，始终呈现笑着的状态，嘴也咧开着，整个人看起来很傻，很不正常。他说的不是普通话，而是一种不完整的“哼、哼”声，听起来，他很兴奋。医生说他现在不会说话，像小孩子一样，见到人就会跑过来，叫他走开也会跑走，只是过一会儿，他又会跑回来。

这时我看见一名患者正往洗手间走去，我称他为“爱干净”。医生说这是一名伴有精神分裂的强迫症患者。他衣着整洁，见到人都会避让并保持距离。他的手是湿的，微微泛红。他每天都会洗手十几次至几十次，一次能洗三四分钟，问他为什么，他说怕脏，不能控制自己。强迫症，即有意识的强迫与反强迫并存，二者强烈冲突，使患者焦虑，

反复出现强迫观念和强迫行为。强迫洗涤就是“爱干净”的强迫行为表现，但这种表现也不是他自己的意愿，因此他的症状非常明显。

还有一名患者“黑框眼镜”，他说自己头上有一个高科技按钮，是有人安装上去企图控制他的，还低下头让医生去摸。当然，我们并没有看到按钮。“黑框眼镜”有点自豪地说自己没被控制住，仍能做自己想要做的事情。

这里还有凭空写字、划叉，仿佛魔怔了的患者；有痞气十足，入院出院已三次，仍追问医生自己什么时候能出院的大哥；有诚心十足地说着等好了要给医生送锦旗，却不记得医生叫什么名字的老爷爷……不同年龄、不同职业，形形色色的人，带着各自的故事来到了这里。市井长巷，聚拢来是烟火，摊开来是人间，一点也不假。

后来，医生单独带我们约谈了一位伯伯，我们称他为“懵懂伯伯”。这名患者穿着正常，但行动有点迟缓，说话也是慢慢的，声音也很小，他是我们见过的回答问题反应最慢的患者了。医生问的都是一些常识性的问题，十分简单，如 100–7 等于多少，但他的反应十分缓

慢，甚至还会算错。医生问一年有多少个季节，他却回答建军节、端午节、国庆节……医生将问题逐渐引到“懵懂伯伯”的经历上去，他便说起他的打工生活、在老家建的房子以及被抢钱的经历。我们不禁疑惑，不懂常识有可能是智力缺陷，可一个智力有障碍的人怎么会赚到建房子的钱呢？问话结束之后，医生问我们觉得这名患者是什么症状，我们猜测思维迟滞、精神分裂，但都不是。医生告诉我们，“懵懂伯伯”是由梅毒引起的痴呆。这种情况非常少见，也是我们想都没有想过的，真是凑巧了解到了这么一个特殊的案例，让我们记忆深刻。

快到中午了，医生询问了一个看起来年龄很小的男孩，他穿着灰色毛绒睡衣，神情有点懵懵的，还挺可爱的。医生告诉我们下午可以和他聊一聊。这个男孩我们在大厅里就见过了，那时候我注意到他站在旁边，用纯真的单眼皮小眼睛好奇地打量我们。不知道为什么，他给我的感觉就像“小狼”，尚未长成的猛兽。我对他很好奇，因为他看起来年纪不大，可能就十几岁，怎么会在成人精神病区呢？为什么不在儿童青少年病区？所以当他说愿意下午聊一聊的时候，我很期待，也很想了解他身上到底发生了什么事情。

我们事先看了“小狼”的病历，他十五岁，初步诊断为精神分裂症，主要表现为觉得有人害他，认为他的食物里有毒。他之前在睡眠障碍病区待过，后转入成人精神三病区，还曾经因为情绪过激被送入隔离病房。光看病历，我以为“小狼”是一个比较难沟通的孩子，可能会比较叛逆，不听话。下午三点多，我们进病房找“小狼”的时候，他刚刚洗完澡出来，发梢还是湿的，换了一件很酷的卫衣。他看到我们的时候有点懵，但还是很配合地跟我们到小房间去了。因为是第一次谈话，而且我们也不是专业的医生，所以我们在可控的范围内问了我们想了解的问题。“小狼”用低沉的嗓音跟我们诉说了他的故事。他有神奇的“见鬼”经历，喜欢骑摩托车，喜欢素描，并且打算以后朝着美术学习的方向发展。由于在小地方生活和学习，环境比较乱且不友好，他曾碰到认识的伙伴吸毒，并试图带伙伴去戒毒，却因家长的原因不了了之，还落了一个带别人吸毒的骂名。他曾被舍友排挤，就因为他睡觉打呼噜，这使得他认为自己被大家讨厌。此外，他还认为父母偏爱当兵的哥哥，希望父母能对他多一点关心，哪怕能在他出去玩的时候说一声“早点回来”。由于在抽过别人给的香烟之后感到头昏且睡不着，他便怀疑香烟是毒品；看到外卖里有白色粉末，他就怀疑有人给他下毒，甚至报警。至于入院的原因，他自己也说不清楚，说是父亲听见他老说梦话，就把他送来了。对于情绪激动这一点，他自己也承认，并说有时在医院看到有患者家属骂患者、骂护士，就会感到很生气，会骂回去，情绪很激动。聊到后面，“小狼”说自己现在能控制情绪，并且没有幻觉和幻听，觉得自己很正常，想回家，很想弟弟，想给家里打电话，可是却找不到忙碌的主治医生。

根据我们所听到的和所看到的，“小狼”的自我描述和病历上记录的不太相符。究竟是他所理解的自己与别人眼里的自己不相符合，还是他的病情已经得到改善，有所缓解，增强了自制力呢？就像“小狼”，我们在病历上看到的是他多疑和易躁易怒，可我们听他本人描述时却感觉他是一个积极、懂事，有苦衷且有正义感的孩子。当然，我们未知全貌，也不清楚他的生活背景和家庭背景，真实的他到底是什么样子，或者换一个说法，发病状态的他是什么样子，我们真的不知道。在目前病情稳定的状态下，我觉得“小狼”是一个挺好的孩子，他让我感觉到真诚，也许这些话他从未向父母或是主治医生表露过。他认为吸毒不对、骂人不对，所以他反抗了，只是方式不对。十五岁的少年，应该无忧无虑，在学校里好好学习，喜欢着自己所感兴趣的事物，追逐着自己的梦想，大胆地做梦，而“小狼”却在病房里。我相信，在积极的治疗和疏导下，他一定能正常回归社会，并且成为对社会有用的人。最后，我们选择以鼓励“小狼”的方式结束了这场问答。

我们离开了病房，“小狼”没有回自己的房间，而是坐在铁门与大厅隔离的长椅上与其他人聊天。后来我们回医生办公室写了点材料，看了下书，就要到见习最后一天的离别时刻了。我们与办公室的医生告别，感谢他们给予我们的指导。走出成人精神病区的大铁门之前，还要经过病房的铁门，“小狼”还坐在那里。也许是我们的动静太大了，他回过头看着我们。现在想起来那个场景仍像一场电影中的长镜头，隔着铁门，我们静静地对视着。我跟他挥手说“再见”。希望有一天，他能够实现自己的梦想和价值。

年年有风，风吹年年，慢慢即漫漫。希望这里的所有人，都能好起来。

走进自己的心门

结束见习已经很久了，我才写完见习报告。没有专业的格式，也没有对患者病情的专业分析，我只是通过自己的语言，把所看到的、听到的、想到的记录下来，也当作给自己这五天学习经历的一个总结和收获。

在精神病专科医院，我见到了为自己所扰的人，见到了受外界所困的人，见到了本该在学校里开开心心的人……没有人愿意住在这里，可是这里能让他们找回正常的自己。这里不应该受到歧视，这里是帮助人的地方。大部分精神病患者患病都是有原因的，除了一些生理上存在的缺陷或是器质性病变，其余都是社会环境、家庭环境等共同影响而引发的长期压抑、抑郁情绪等，久而久之则发展成了精神疾病。我们不应该站在道德制高点上去批判或冷落他们，没经历过的人永远无法感同身受，我们应该用关怀和爱心对待他们。他们也许受到排挤和打压，也许不被理解，也许不被爱着……我深深地意识到，我们来这里是向他们学习的，必须给予他们最大的尊重和善意。

没有一种生活是固定不变的，也没有一种生活是不值得的，医院里的每一名患者都经历了许多不幸……而我们，在这里增长了见识，也收获了许多感悟。我们粗浅地了解了精神病专科医院各科室的运行状况和一些先进设备的使用方法，学会了一些与人沟通的技巧，增强了同理共情的能力。回学校后，我对这个世界、这个社会又有了新的认识，它还应该更美好一些。我知道，我将来大概率不会从事与精神病专科医院相关的工作，可这次见习仍让我受益匪浅。在接下来的日子里，无论是理论知识还是精神世界，我都想努力拓宽自己的视野，在我所选择的道路上走得更远，同时，加深对人类生活环境的理解，自助、助人。

眼盛银河，心向远方，满天繁星，我愿成为其中一束光。

每朵乌云都镶有金边

马集显　曾玲娟

真的相信，难以平息的心跳终究会归于平淡。那一刻，见你甜美的笑颜，我已无法忘怀相处的瞬间。那一天，与你默契地交谈，我看到的是你美好的憧憬。

不同的人有着不同的人生，他们各自弹着不同曲调的歌。以“疾病”为界，这世上的人生有两种：“病态”人生与“非病态”人生。作为应用心理学专业的学生，一进入学校，就听师兄师姐们说我们有一门课，叫变态心理学，还有一次见习机会，去精神病专科医院。迄今为止，我在“非病态”人生里优哉游哉，但并不妨碍我对“病态”人生充满着好奇，于是在期盼中，带着一些兴奋，带着一些担忧，开始了我的见习生活，去倾听他们用人生弹奏的曲调。

怀“龙种”的女子

这一天我们来到了睡眠障碍病区，过于兴奋的我们早早就来到了医生办公室。医生们大都还没来上班，走廊上忙碌的护士正在给早起的患者送早餐。从护士与患者的交谈中，我听出了护士对患者的关怀，比如一些患者为了解馋，提出要换换口味，护士都会细心听取，尽量满足患者的小要求。患者们拿到自己营养可口的早餐，像孩子似的露出了满意的笑容。

不知不觉中，时间已经到了八点，医生们都到了办公室，我们也在办公室里换上了白大褂。跟着医生查完房，带教医生让我们自行找患者进行交流。根据刚刚查房的情况选择几本病历再次浏览后，我们决定去找一名自认为怀孕的女子，一起去找她面对面聊一聊。

我们在活动室里找到她时，她正独自静静地坐在那里。我们小心翼翼地走过去，生怕惊吓到她：“你好，我们可以一块聊聊天吗？”她看上去二十出头，没有我们预想的那么害羞和胆小，反而带着期待，没有丝毫犹豫就回应了我们：“聊天？可以呀，随便聊。”

我们模仿着这两天在带教医生那里学到的开场白：“你最近感觉怎么样？在这里还习惯吧？”

“都挺好的，习惯是习惯，但不太想待在这里。”女子很大方地回答，但语气中似乎有一丝丝的埋怨。

“为什么？是睡眠问题吗？晚上睡不着？”因为这里是睡眠障碍病区，我就顺势问了这个问题。

“不是，吃药之后就睡得挺好的。”

“那是感觉哪里不舒服吗？”

“没哪里不舒服，就是已经两个月没来月经了。”可是，她的神情似乎对没来月经并不感到慌张，反而嘴角露出了些许笑意。

刚才在浏览病历时，我们就注意到其中记录了有关她“怀孕”的内容，现在又看到她的神情，于是试探着问了一句：“那你觉得两个月没来月经可能是什么原因呢？”

“我怀孕了呗。我在来医院之前做过B超，在B超里看到的，而且是个男孩。”从她的话语里，我们都感受到她似乎对自己怀上男孩非常自豪，一点也没有年轻女子的羞涩。

我们当然不相信，因为她实在太年轻了，于是追问道：“孩子父亲知道你怀孕了吗？”

“知道的，我的父母也见过他，但我不知道他现在在哪里。”女子没有任何忸怩，情绪也非常平稳，似乎在她看来这一切都顺理成章。

“那你现在有什么想做的事情吗？”

“有啊，想出院，然后再去做B超，证明我的确是怀上了孩子的。”她语气坚定。

正当我们思索着如何继续交流下去时，她又开口了：“我跟你们说吧，其实我怀的孩子是龙的传人。”

我们突然感到一丝丝的激动，这就是我们浏览病历内容后选择她作为交流对象的原因，之前我们不知道该如何引导她谈论这个话题，没想到她自己竟主动提起。“啊？你怎么觉得这个孩子就是龙的传人？”

“这么跟你们说吧，你们知道长江跟黄河吧。长江其实是女人，黄河则是龙神，它与中国的伟大复兴相关。”她不假思索地说出这番话，似乎对此有很深的了解，展现出与她年龄不相称的成熟。

我们一脸惊讶，追问缘由：“在你看来，为什么长江是人，黄河就是神呢？”

“没有为什么呀，它就是神，一直都是，没有它就没有我们。”此时她的情绪稍稍有些波动，但回答得铿锵有力。

我们表达了质疑：“但我们了解到的黄河跟长江一样，它就是一条普通的河流，这在我们的地图上可以找到。”

“你们错了，不是这样的，你们都被骗了。”她依然坚持自己的观点，对我们连这些常识都不懂而有所不满。

“那你知道黄河的起源地在哪里吗？”我们又问她。

“不知道，但我知道它的起源地是黑色的，所以我们人也是黑

色的。”

“这是你自己的观点，还是在别的什么地方看到的？”

“不是我认为，它就是这样！而且我在初中课本上看到过，在收音机中也听到过。难道你们都不知道吗？”她对我们更加不满了，在她眼里我们变得不学无术，连一些基本知识都不了解。她坚定且认真的语气也让我们感受到了她的情绪开始激动起来，于是我们放缓了谈话的节奏。

“你最近有翻阅过什么书说到黄河是龙神的吗？”

“我在入院前看过《英国历史》，而且我也知道英国实行议会制，美国实行的是三权分立。”她的回答依然非常“无厘头”，但我们却不好反驳。我们没意识到自己已经偏离了正常的思维轨道，而且陷进了她的认知轨道，被她带偏了，继续与她探讨：“你可以跟我们说说这条龙具体长什么样吗？”

“在历史上只有秦始皇和毛泽东找到了真龙，其他的皇帝都是假的‘真龙天子’，而且我爸爸就是真龙天子，我自己也见过真龙，但别人是看不见的。”她的回答越来越离谱、荒诞。在我们还想继续聊下去的时候，她的运动时间到了，我们不便去妨碍，只好结束了聊天。告别时她还笑着跟我们说：“有空再来和我聊天啊，我挺喜欢跟你们聊天的。”

后来我们从医生那里了解到她患的疾病是偏执型妄想，伴有精神分裂症。这类患者的情感和行为常受幻觉和妄想的支配，表现为多疑，甚至会出现伤人或自伤行为。患者在起病后的适应性认知能力、意志和情感反应、社交技巧均呈进行性下降，因此患者在起病后相当长一个时期内精神衰退并不明显，在不表现妄想症状时，其行为、言语和思维并无明显异常。在和女子的聊天过程中，怀孕就是她的妄想，虽然医生已经证实她事实上并未怀孕，但是她坚信自己怀有身孕，而且只要讲到与怀孕相关的话题，她的话语就变得离谱，思维逻辑也变得跳跃，陷在自己的观念和认知中无法自拔。我们没法改变她的认知，反而在她看来我们是那么幼稚、愚蠢。

被烦躁所困的男人

在浏览病历时，我们看到有一本病历的诊断处写着“躁狂症”，患者是一名中年男子。我们去找他的时候，他正待在病房里，戴着的口罩依然遮挡不住他满脸的络腮胡子。也许是先入为主，病历本上的“躁狂症”三个字让我们有些担心，害怕交谈中稍有不慎就会引发他的情绪波动，我们犹豫中用眼神鼓励了一下彼此，还是一起走进了病房。

“你好，我们是见习生。”听到我们的问候，男子从手机屏幕上挪开视线，看向我们，态度倒是很平和。他的这种情绪鼓舞了我们，

“我们想和你一起聊聊，了解一些你的基本情况，可以吗？”

他又看了看身后，再次确认了我们是在跟他说话后，回答说：“可以啊，想问什么都可以问的。”看来他也挺想跟别人聊天的。

“你是因为什么而入院的呢？”

“就是烦躁啊，经常会突然觉得很烦，这种感觉特别是在晚上睡觉前出现，白天基本没有。烦躁的时候就感觉非常难受，怎么也睡不着。在入院前老是会想不好的事，都是过去的一些事，很想表达出来，但又没有地方发泄，有时半夜就自己从家里出来，在街上闲逛。”从他的话语中我们感受到他的无奈和对回归正常生活的渴求。可能是怕家人担心，平时他都是一个人默默地承受着这种烦躁情绪。于是我问：“你是觉得这种状态很困扰你，自己又摆脱不了，就入院治疗的吗？”

“对啊，我自己也觉得很难控制自己，就想来医院接受药物治疗。这是我第二次入院了，之前也因为这种情况来过医院，治疗后情况有所好转，但后来我以为自己好了，就不再吃药了，然后又感觉很烦躁，就又来医院了。”他对自己曾停药导致病情复发而后悔。

为了解病因，我们也向他询问了一些基本情况：“你和家人的关系怎么样？”

“和家人关系挺好的，现在孩子也在上小学，平时也会和家人交流，大家一起出去玩。”

“工作方面还顺利吗？”

“工作上的话，就是自己与人沟通不懂变通，喜欢钻牛角尖，但与同事关系还好吧。”说到工作中跟他人的相处，他似乎有些失落，“之前休息不好，睡不着时，很容易生气，变得很烦躁，也容易跟人吵架。不过那时候睡不好也不觉得累，反而觉得精力充沛，脑瓜子也转得快，于是就总觉得别人笨。他们不同意我的做法时，我就会特别恼火，认为他们就是嫉妒我。”

“那现在你是怎么看待这些事呢？”

“吃药后就好了很多，我现在当然知道那些应该都是我的病情导致的喽。”看得出来，他现在对自身状态的认知比较清楚，但又对自己病情的变化发展有些担忧。

在交流的过程中，他并没有我们想象的那么可怕，反倒有些健谈，而且他能够意识到自己病情发作时的异常，并试图通过自己的努力来缓解那些异常的生气和烦恼。我想他应该属于轻度躁狂症发作，也可能是药物治疗的效果。通过他的回忆，我们还是能够总结出轻度躁狂症发作时的一些主要表现：精力充沛，活动增多；情绪高涨易激怒，情绪不稳定，如果要求得不到及时满足，就非常容易跟人发生争吵；自我感觉良好，过于自信，睡眠减少。在他的讲述中，并没有诸如幻觉和妄想等精神病性症状，他的社会功能受损也不明显，和家人、同事之间的关系尚可。值得欣慰的是，他能认识到药物对治疗这种疾病的重要性，并主动服药。躁狂发作是心境障碍的一种，对心境障碍的治疗，首先强调的是对症状和体征的控制，目前一般认为药物治疗是对严重抑郁症和躁狂症的最好选择。希望这名被躁狂症困住的患者在医生的治疗和指导下，早日回归正常的生活轨道。

“作茧自缚”的女人

经过中午的休息和讨论，我们决定选择一名抑郁症患者进行交流。我们查了病历后选择了一名二十七岁的女子，她是因为情感问题和过度忧虑而抑郁，并主动来医院寻求治疗，这次住院之前也曾到医院就诊。她还有一个儿子。

我们看到她时，她正在走廊上闲逛，看上去心情挺不错，于是上

前询问她是否愿意和我们聊一聊，她爽快地答应了，还对我们笑了笑。我们便在活动室里找了一个宽敞的位置，开始交谈起来。

“你好！看上去你心情不错，在医院感觉怎么样？”

“之前睡眠、饮食都不好，最近在医院睡得好、吃得好，比较轻松自在。与外面相比，感觉这里更有安全感，能放松下来。”她语气平静。饮食紊乱和失眠也是抑郁症较为显著的表现，从她的话里可以听出，医院的治疗还是很有效果的。

“你的病历里记录之前你曾到医院治疗过，是不是和这次住院的原因一样？”我们想了解她是抑郁症的反复发作，还是不同的心理疾病导致多次入院治疗。

“上次是想逃避生活，这次是情感问题，我想过平淡的生活。”她的回答让我们分不清这两次住院原因的差异，而是觉得两次住院是有关联的，感受到她对现实生活厌倦但又无法摆脱的无力。她似乎把医院当作一方净土，在医院里她可以感受到没有烦恼的自在。

"两次困扰你的事情有区别吗？"

她淡淡一笑："有呀，这次主要是夫妻关系的困扰咯，就是觉得自己遭受情感背叛，没法放过自己，一直走不出那种困境。"虽然此刻她表现得比较淡然，但还是能想象出事发时她的痛苦。我们有些犹豫，要不要继续聊下去呢？她似乎看出我们的迟疑和顾虑，又笑了笑："没关系呀，现在能有人一起聊一聊，也挺好。"

我们松了口气，也笑了："如果等会你感觉不想聊了，可以随时提出终止的。"她点点头。

"你的困扰是从什么时候开始的呢？"

"我其实是一个容易焦虑的人，自从怀孕后就总担心胎儿不健康，担心孩子出生后会有各种问题，有时候别人无意中说的一些负面信息也会让自己担心不已。我有个朋友的两个孩子都不是特别正常，于是我就会担心自己的孩子也会那样。"从怀孕时就害怕自己的孩子会出现各种问题，过度的担忧常常让她陷入痛苦之中。

"现在孩子怎么样了？"

"孩子现在六岁了，各方面都挺正常的，性格也活泼，但我依然会担心他出现不好的情况。还记得孩子刚出生的时候，有一天我实在难受极了，抱着孩子走到窗户旁，很想一下子把他扔下去。"听到她的话，我们都大吃一惊，不敢相信这是一个母亲说出来的话。

"你为什么会有这种想法呢？他可是你的孩子呀。"

"是啊，他是我最宝贝的孩子，但是我当时也不知道自己怎么会有这样可怕的想法，后来自己也吓了一跳。"可想而知她经历了一段很痛苦的转变过程，才得以像现在这样释怀地与我们倾吐自己过去的事情。

"今年我感觉我老公想害我，他有时候拿药给我吃，我都认为他在里面下毒了。"

“下毒？你为什么会产生这样的想法？”我们惊诧万分。

“我跟我老公是闪婚，几年前他背叛了我，我对他的疑心加重，容忍度不高，无论他做什么我都不想相信他，所以我很容易就会对他发脾气。在与丈夫的关系中，我自己的父母、邻居都觉得是我太强势，才导致了他的背叛。我很想离婚，但他就是不愿意。现在他似乎是回归了家庭，我们虽然没有离婚，但关系也不融洽，类似于冷战，而且我对他有很重的猜疑心，一想到他之前的背叛，我对他的容忍度就不是特别高，不太愿意相信他。其实我也能清楚地意识到自己现在是抑郁状态，就希望自己不要太纠结，努力过平静的生活。”

“你的抑郁状态持续了多久呢？”

“还是持续了挺久的，从2018年到现在快两年了，一直反反复复，也来过好多次医院了，但出院后还是觉得面对不了现实。我知道自己患有情感障碍，但就是走不出来，焦虑、郁闷，对什么都不感兴趣，没有胃口，不想动，也睡不着，瘦得很快，自我贬低，注意力不集中，做什么事情都做不下去，容易忘事。”她回忆着自己那段挣扎的日子。

“当时那种情况，你想过找人倾诉一下吗？你身边的朋友知道你的情况吗？”

“我知道自己很难克服负面情绪，但又不想让人知道。后来有几个较好的朋友知道了一些情况，挺关心我的，也陪我来过医院。”

“那你丈夫知道或了解你的状态吗？”

“他今年才知道我的情况。我不想告诉他，我自己有工作，经济独立，平时来医院和出院我一个人也可以做到，他也不见得会真正关心我。后来是我的朋友告诉了他我的情况，他知道后态度有所好转，但我依然不相信他会帮助我，而且我觉得他也没有真正在行动上帮助过我。之前我也跟他说过对孩子的担心，但他就觉得都是我自己没事找事，怪我担忧太多。”我们虽无从知晓她丈夫真正的态度和为人，却能够感受到她的独立。同时，她亦非常渴望丈夫能够理解她，但现实中并没有出现她想要的结果，她很无奈。

“你是怎么看待你和你丈夫之间的关系呢？”

“他的家庭经济状况不是很好，我自己有独立的工作，他应该在我面前找不到优越感吧。我从来没有看不起他，相反我对他很迁就，但我越迁就，他就越自卑，就越在意他人的看法。”

她接着说：“我现在很清楚自己不能再纠结于过去的事情了，每天都坚持吃药，这样就可以尽快出院回去工作了。”

……

直到有部分患者要在活动室做操，我们才结束了谈话。在整个聊天过程中，我们都比较放松，她很乐意跟我们分享自己的想法，聊到有趣的事情她也会和我们一起笑。看到她的笑容，我感觉到她的情绪是平稳的，整体看起来没有很明显的病态。

从这名患者的叙述中，可以看出她之前是一个高焦虑的人，也很有主见，虽然她只讲到对孩子的过分担忧，但是我猜测可能在她生活中还有其他让她焦虑的事情，这种高焦虑也影响到了她和丈夫之间的关系。他们夫妻之间的沟通并不顺畅，一方面这可能是她丈夫情感外移造成的，另一方面丈夫的背叛又加剧了她的焦虑并进一步恶化夫妻关系，而她的好强与独立又阻止了她从自己身上找原因，也不愿意去反省夫妻沟通方式，导致情绪郁积，最后发展成抑郁症。经过治疗，她已经知道自己不能再纠结于过去，这应该就是治疗带来的心理成长吧，而且她还能坚持用药，一切都在好转。生活中，有些凋零的往事就如已撞的南墙，既然不可回避，不如用心遗忘，把美好的记忆放在全力成长上。手中的沙不要握太紧，常想一二，不思八九，或许更能事事如意。

抑郁的女孩

下午，我们在征得医生和来访者同意后，旁听了一名来访者首次咨询的过程。这是一个十三岁的抑郁女孩。

医生领着她进入咨询室并坐下来，我们坐在离她不远的沙发上，她爸爸则坐在她的旁边。

医生先介绍相关情况："我先简单介绍一下，心理咨询和别的治疗不同，我们会准时开始，准时结束，每次访谈持续 50 分钟，用这个沙漏来计时，里面的沙子漏完刚好 50 分钟，我们的咨询就结束。今天的咨询属于评估会谈，主要目的是评估你的情况，所以我需要问你很多问题来收集关于你的信息，只有这样我才可能对你的情况进行评估诊断，下次我们再视情况开始治疗会谈。"

医生问女孩："能告诉我，你为什么来这里吗？"

"就是最近偶尔睡不着觉，一周有一两晚，整晚睡不着，然后第二天上学会很困。"看上去女孩的精神状态和同龄女孩差不多，说话语气比较平静。

"听起来，最近睡不着觉这件事令你苦恼。你自己认为睡不着觉是为什么呀？"医生想进一步了解她失眠的原因。

"最近我的心情波动很大，而且每天都有变化，有时开心，有时莫名其妙地就会特别难受，一难受就无法入睡。"

医生点点头，说："有时当一个人在特别难受的时候会伤害自己，你有过伤害自己的行为吗？"听到医生的问话，女孩看了看身旁坐着的爸爸，问医生："他一定要在这里听吗？"显然接下来女孩想说的话不希望让爸爸知道。

"这是你的权利，如果你不想让爸爸听，那请爸爸到外面等孩子吧。"医生既回答了女孩的问题，又给了她爸爸指示。女孩的爸爸没有反对，配合地走到门外去等待。

"看起来有些事情你似乎不想让爸爸知道，我们这里有保密原则，我们的谈话内容是保密的，包括对你的父母，但有两点我们不保密：伤害自己或伤害别人的行为。现在你愿意具体说说吗？"医生跟女孩解释了一下保密原则。

"之前在家里，特别痛苦的时候我有过自残行为，用美工刀割手臂。"女孩说。

"那你怎么会想到用刀割手臂呢？"

"那样发泄一下，可以缓解自己的心情。"她在回答的时候，脸上并没有什么明显的情绪波动，语气也是平淡的，但我想她在用刀割自己的时候一定是痛苦的吧。

……

“听起来你真的很不容易，有时候特别痛苦，即便这样还能处处为家人着想，有谁能够理解你的不容易吗？”医生体贴地问。

“特别难过的时候会去和同学说说，说完会好点。”

“你的痛苦是来自家庭方面吗？”医生的问题回到了女孩痛苦情绪的起源上。

“是的，父母经常吵架闹离婚，他们会经常骂我，虽然没有打过我。感觉他们只在乎我的学习，并不是真正关心我。”女孩的情绪恢复了平静，语气也缓和了许多。

“家里面的基本状况是怎么样的？”

“家里的生活还可以，有基本保障，老家在重庆，以前跟爷爷奶奶一起生活，我读小学时才转学到这里，跟爸爸妈妈一起生活。”听起来她似乎对儿时的生活比较满意。

“你觉得这种痛苦的状态持续了多久？”

“应该已经有两个月了吧。”

“这艰难的两个月你是如何度过的呢？”

“这两个月里，有时也有开心的时候。”

“能具体说说哪些时候你还是感到开心的吗？”

“我在学校和朋友在一起就很开心，回到家就觉得很压抑。我和同学之间的关系挺好的，也喜欢跳舞、画画，做这些事的时候非常开心。但我有时上课时会没缘由地想哭，身体感觉很累，容易出现耳鸣，想问题时感觉脑瓜子有时候灵活有时候不灵活，还有的时候什么也不想做。我之前学习成绩很好，但现在很差，成绩下降了很多。”

“在学校你拥有比较好的人际关系，你还有一些自己的兴趣爱好，这些都能够让你很开心，但有时会莫名难受、想哭、身心疲惫、耳鸣、思维有些迟缓，以致你什么都不想做，成绩也因此下降了很多。即使你有时会有这么多难受的情绪，但你仍然坚持上学，很不容易，你已经做得很好了。”医生回应了女孩，“现在离咨询结束还有几分钟，我说一下我的初诊印象。你目前有很多抑郁症状，表现为莫名其妙地难受、想哭、身心疲惫、耳鸣、思维迟缓、行为懒散，还有自残行为和想死的念头，这些对你的生活已经造成了一定程度的影响，影响了你的听课、学习和成绩等。同时，你也在积极努力地面对这些问题并想办法解决，比如想到父母会伤心而放弃自杀，和同学倾诉，用跳舞画画缓解心情，哪怕有时很难受还坚持上学，包括来医院寻求专业的帮助，等等。因为你的很多情绪跟你的家人有关，所以他们的配合和支持对你缓解情绪有很重要的作用。今天你爸爸能陪你一起来到这里，说明父母还是比较重视你的问题的。我需要和你爸爸进行沟通，把你的情况告诉他，但不涉及我们谈话的具体内容，也会建议他如何做会更好地帮到你，好不好？”

“好的。”女孩点头同意了。

“好，那你可以到外面休息休息，等等你爸爸，我和他交流几分钟。”

女孩到门口把爸爸叫进来。医生向爸爸简单说明了一下女孩的大致情况，同时也给予了相应的建议。“孩子现在属于抑郁发作，有自残行为和自杀念头。我给你们家长提三个建议，希望你们能够做到：第一，督促孩子遵医嘱服药，不要私自停药或减药，有任何疑问及时和我们医生沟通，稳定孩子的情绪，减少她的自残行为和自杀风险。第二，你们是孩子心目中最重要的人，孩子的病情非常需要你们的配合和支持，包括改善家庭氛围，改变亲子沟通方式和夫妻相处模式等，我建议做短程的家庭治疗或者说夫妻治疗。因为青少年心理的好转和康复特别需要家庭环境的支持。第三，一对一给孩子做心理咨询。这三个建议在孩子康复过程中都能起作用，都需要引起重视，你们家长考虑考虑。”父亲边听边连连点头，表示回去再跟孩子妈妈商量。

这一次咨询结束了。

青少年的心理问题跟家庭有着密切的关系，女孩的抑郁因家人之间的不良关系而起，但也因其顾及家人的感受而暂时没有出现更糟糕的后果。这个案例让人欣慰的是，来访者有明显的求助动机，及时求助于专业的心理医生，并且家人也支持并陪同她来寻求专业的心理咨询，这为女孩心理问题的治疗和解决提供了非常有效的前提保障。尽管是首次咨询，医生还是在她的生活中找到了一些积极的支持因素，确定了她目前的心理障碍状态，也发现了她情绪不稳定的根源，为后续进一步的干预和治疗明确了方向。更重要的是，医生提供的家庭治疗建议，把整个家庭纳入咨询或治疗系统中来，将从根本上为解决女孩的心理障碍提供方向。父母的积极参与，不仅对女孩的康复有帮助，而且对整个家庭生活质量的提高都会有利。这也恰恰是在青少年心理问题的解决过程中，容易被成人忽视的一点。虽然问题是在青少年身上呈现出来的，但是孩子问题的根源往往是在家庭中，如果只是把解决的焦点放在消除青少年的症状上，而无视症状背后的起因，"治标不治本"，就会导致症状难以根治并反复出现。

在这个世界上，没有完美的父母，也没有完美的孩子，更没有完美的伴侣。有人说，孩子多少岁，那么爸爸妈妈就多少岁，"爸爸""妈妈"的称谓是伴随孩子的出生才有的，爸爸妈妈的角色也是随着孩子角色的出现才产生的，孩子的成长过程，其实就是父母修炼成"爸爸""妈妈"的过程，这也意味着父母和孩子是共同成长的。

人生没有一路坦途，但只要有一颗开放的心，愿意去学习，愿意去成长，慢慢走，沿途会有乌云，乌云背后也有阳光。你会遇到同路人，也许是父母，也许是朋友，也许是爱人，也许是专业的助人者……永远不要失去绽放的精神，即便是寒冬，跨过去，春天也就不远了。

在一起

覃悦　曾玲娟

如果在生活中无法挑选到最好的部分，一直得不到想要的舒适怎么办？请允许自己停下来，给内心的小孩留足表达的空白，直到彼此都怀揣热爱世界的勇气。坦然往前走，会发现我们一直在追求生命完整性的路上。

每个人都有属于自己的一个看世界的窗口，心理学让我看见了生命的色彩，它是有趣的、震撼的。从注意到课表的见习安排开始，我就在期待这门课程——变态心理学。变态心理是怎么定义的？那些“变态者”的行为到底和我们有什么不同？怎样才能把书本上看到的内容跟现实中那些活生生的人联系起来？

天还没亮，同学们就已经在校门口集合，或许是怕吓着司机，大家都没有将白大褂穿在身上。我想，那会儿大家都像把白大褂放在包里一样，把兴奋和紧张藏在心里了吧。

一路顺利地到达精神病专科医院。负责接待的老师将我们带到会议室，在简要说明了整个见习安排及强调相关的安全事项后，我们按分好的小组开始行动。我们小组九个成员来到睡眠障碍病区，见到了带教医生。“你们想了解些什么症状或是存在哪些疑惑?”带教医生问。我们面面相觑后尴尬地笑了笑，都没出声。他看出了我们的茫然，安慰道：“没关系，第一次见习，没有太多准备是正常的。这样吧，我先带你们去见见患者。”一开始是由带教医生带患者过来跟我们交流，后来是我们主动走近患者去探寻他们的内心，尽管还是有些紧张，但我们逐渐学会了从患者的兴趣爱好出发去寻找话题，从而越来越熟练地去和患者面对面交谈，知道了一个又一个故事。

“用力”微笑的女子

在活动室，我透过窗户看到了一个上身穿粉色外套、下身穿牛仔裤，绑着丸子头的女子。她轻盈地走到护士台上摆着的绿植前，娴

熟地拿起喷水壶给它们淋水，不时低头凑近叶子端详，露出满意的微笑。那一瞬间，徐志摩的诗句“最是那一低头的温柔，像一朵水莲花不胜凉风的娇羞，道一声珍重，道一声珍重，那一声珍重里有蜜甜的忧愁——沙扬娜拉！”冲进了我的脑海，这美好又温情的一幕，过了很久都无法从我心里抹掉，只是不知怎的，我隐隐地感到了一丝哀愁。后来，我在活动室里看到了她，她手里抱着一个看上去不到一岁的女宝宝，坐在那里逗着孩子玩。我以为她是患者家属在帮忙照顾孩子。小宝宝很可爱，我和两个小伙伴过去一起逗着小宝宝。“丸子头”女子好奇地问我们是不是来实习的，慢慢地跟我们聊起来。在聊天中，我们了解到她是小宝宝的妈妈，因为产后抑郁第二次来到这儿。

“好好读书，你们还年轻，不要早早想着谈恋爱、结婚，更不要像我一样产后抑郁。”这一句她带着调侃，却很深刻。我感觉她经历了很多，心里有千言万语，都汇聚到了这一句话上。

“丸子头”很和善，不仅用微笑示意自己很好，让我们不必担心她，还温和地问我们，自己做些什么可以帮到我们的见习，“你们有什么问题就尽管直接问，只要是我知道的都可以和你们聊”。微风轻拂，交流的“窗子”就这样打开了……

一个同学关心地问：“姐姐，你现在的病情怎么样了？”她抿了抿嘴唇，呼了一口气：“这次住院时确诊是重度抑郁，而且还有双相障碍的倾向。”“你的家人了解你当时的情况吗？还记得你是怎么来到医院的吗？”同学继续追问。“第一次进来时我刚生完第一胎，他们认为我只是心情不好，问题不大，吃药缓解后，我很快就回家了。这一次，是第二个孩子刚出生不久，我迫不得已进来，是因为疾病发作的时候我有掐死自己孩子的冲动……”

“那宝宝平时是家人带吗？”另一个同学顺势问道。她摇摇头，眼神中带着无奈说，“孩子主要还是跟我，除了发病的时候，我不觉得这是个问题。而且家人也有自己的事情，没有更多的精力放在我身上，他们就单纯觉得我心理素质太差，不能面对生活压力。”女子告诉我们，她初中毕业便去读中专，毕业之后没多久便不顾父母反对嫁给了现在的丈夫。和大多数女孩所幻想的一样，她以为自己嫁给了爱情，殊不知婚姻需要承载的东西太多太多。她在没有任何心理准备的情况下就当了妈妈，而丈夫因为工作繁忙，时常会忽略她的感受。“很多东西吧，明明就在嘴边了，但还是选择咽回去。”不仅如此，由于婆媳矛盾突出，她和婆婆的关系一直很僵，生活中交流也很少。

都说娘家是永远的家，我有意地提起她的娘家人：“那姐姐的爸爸妈妈一定很担心你吧！”“嗯嗯，他们有来看过我，字里话间的意思我都明白，他们希望我不要想太多，尽快回归正常生活。这些我都理解，可要是真能像他们说的这么简单就好了。”她笑着叹了口气，“身边的人会以各种方式提醒你，你是一个妈妈，你要对家庭和孩子负责，别人能做的事情你为什么不可以做？坦白说，听到这些我挺累的，特别想让自己没有痛苦地离开这个世界。”

听她说着产后抑郁这些日子的心路历程，我不由感慨，怪不得开始见到她时给我一种淡淡的忧愁感，原来眼前这温柔的微笑里有着如此坎坷的心路。

“我准备出院了，我现在的情况不允许我继续待在这里，还是得回归现实生活的。”女子看起来很释然，但实际上非常忧伤，“我现在笑着和你们说这些，但其实心里是压抑难受的。”

她说这些话的时候始终微笑着，是那种努力把所有的温柔和舒服带给身边人，心里却藏着别人无法理解的情绪的样子。我们在听，她在努力微笑。“真正的抑郁，是生活中所有的一切都很好，可我还是在精神上挣扎着。你问我原因——我也不知道。”是啊，抑郁症患者的世界不是简单几句话能描述的。不了解抑郁症的人可能对其存在误解，抑郁症不是“正面一点”“看开一点”就可以解决的问题。我多么希望，这时候陪伴在她身边的是她的家人，希望他们能看到她的笑，理解她的心情和感受，哪怕只是一点。

正当我们几个试图说些什么来安慰她时，她被医生叫去了办公室，我们的聊天也在意犹未尽中结束了。

从带教医生那里，我知道了这样一个词——微笑型抑郁。不知道你是否和我一样，听到这个词时会有种奇怪的感觉，好像很好理解但又有点矛盾，简洁分明却又给人无法解释的无力感。医生告诉我们，微笑型抑郁是抑郁症特殊表现形式的一种。出于社交、自尊等需要，患者尽管一直处于情绪低落的状态，甚至伴有强烈的自杀意识，但他们会选择把所有的消极情绪隐藏起来，用微笑来假装自己是开心的。这一类群体在外人眼里是乐观开朗甚至是坚强的，但其实他们的内心非常脆弱。结合医生的解释，回想“丸子头”的表现和她给我们展示的内心世界，我对抑郁症有了更多的认识与思考。

月亮有圆缺，人间有四季，每个人都要学会适应这个世界上所有的温度。情绪有喜怒忧思悲恐惊，没有人在任何时候都只有快乐，“祝你快乐”是一句美好的祝福，追求快乐也是人之本能，但这种祝福和追求并不意味着要去压抑和抵制那些负面情绪，即便是“男儿有泪不轻弹”，也不要忘记它后面还有一句“只是未到伤心处”。微笑不需用力，高兴不起来的时候，也不妨休息一阵子，等能量慢慢积攒回到自己体内，再开始新的跋涉。抑郁症，并不仅仅指一个人有抑郁情绪，更主要是指一个人越来越缺乏活力，越来越没有意义感，越来越感到无望。换一个角度再来看看抑郁情绪，“它在提醒我可以趁机休息一会，我可以心安理得地抱抱自己了”或者是“我不舒服了，我可以心安理得地求抱抱了”。所得，所不得，皆不如心安理得。而抑郁症患者身边的亲人或朋友，也不妨以“心安理得”的心态去拥抱、接纳他的抑郁，或者递上臂膀让他靠一靠，一起静待能量回流至他的心田。日落也有温暖，等待也有诗意。

“被人控制”的男孩

“懂我的人，不必解释；不懂我的人，何必解释。”每次读这句话我都觉得特别有个性。正如句子里强调的那样，人终其一生是为了找寻自身的意义，与他人无关，因此自己做什么都不需要过度地解释。然而今天，我对“解释”忽然有了强烈的感受，只因从一个无自知力的男孩的世界里走过……

他是我见习第二天在森田病区跟着带教医生查房时认识的小伟。小伟长相平凡，就像青葱幽郁草丛中的一株小草，可在我的内心深处，他却点缀着不一样的青。那天，我们走进病房，小伟躺在床上玩手机，他妈妈正站在门旁边的窗前拉开窗帘，一切都很平常。医生走近小伟并随和地询问他的情况，他淡淡地微笑着说：“挺好的。”这时，一旁的小伟妈妈表情有点不自然，她极力地克制自己，表现出淡定的样子，然后走到小伟床边坐下，向医生报告：“他昨晚半夜坐了起来，像是在做梦，一下子哈哈大笑，一下子又在喃喃自语，不知道他在说什么，然后我想着把他叫醒，可他一直没有回应……”小伟昨晚诡异的举止让他妈妈感到焦虑和惊恐。在一旁的我们听着都有点悚然，何况是当时目睹这些却无能为力的小伟妈妈。

医生听了小伟妈妈的描述后，试图进一步了解小伟的情况，便继续询问小伟：“你知道你昨晚做梦了吗？”小伟回答：“没有啊。”医生追问：“你听到妈妈叫你了吗？”“没有听到。”小伟回答。妈妈露出惊讶的表情，我心里也很是疑惑。医生停顿了一下，问：“那你昨晚有起夜吗？”“有啊！”“那你还记得你都干了些什么事情吗？”“我在跟他聊天啊，他昨晚一直在陪我聊天。”这一秒，房间里变得很安静。他？他是谁？我也有点茫然。

正当医生追问那个“他”时，小伟突然开始干呕，医生关心地询问他是否头天吃坏了肚子。小伟恢复了平静的样子，回答说：“是他控制了我，那个声音出现了，说我刚才说了不该说的话，他要惩罚我。”仿佛只有在电视上才会发生的剧情，就这样没有剧透地在我们面前上演了。小伟妈妈疑惑地睁大了眼睛，脸上惊恐的神色透露出她内心的不安。在一旁的我们也没有作声，只是静静地看着。

等小伟稍微缓过来回到病床上，医生继续问：“你能听到他在跟你说话对吗？”小伟点头：“是的！”“嗯……那你还记得他跟你说了些什么吗？”小伟态度很坚定：“他不让我告诉任何人，否则他会惩罚我。”医生沉默片刻，接着问：“你觉得他对你怎么样？他时不时地出现和你说话，这是好事还是坏事？”小伟挠了挠头：“他对我挺好的，除了有时因为我犯了错而惩罚我，其他都好。我们聊得挺开心的，他是这个世界上最懂我的人。”“好的，我知道了，这些天你好好休息，有什么问题可以随时找我。”医生和小伟聊完，接着交代小伟妈妈要继续密切观察小伟的行为，同时也不要过于着急。窗外，清早的微光暗了，像是被云雾遮挡，很有阴天的味道。

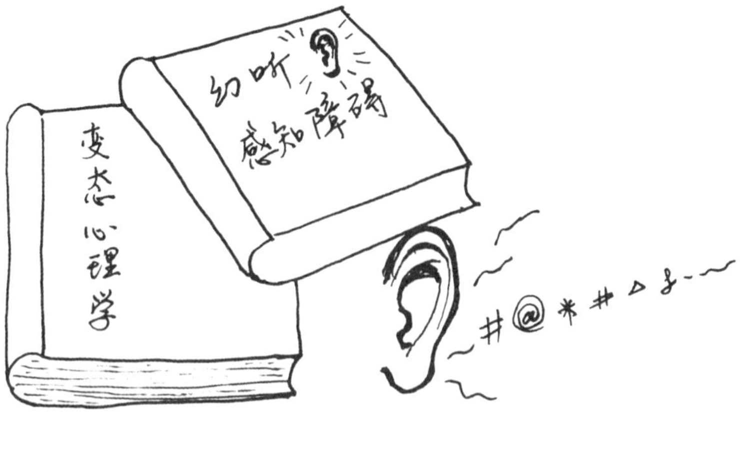

坦白说，那时候我心里五味杂陈。在担心小伟病情的同时，我的内心也充满着疑惑——他是有意识的吗？到底是什么导致他有这种奇怪的表现？那个声音又是从哪来的呢？尽管在课堂上学习过有关幻听的概念和症状，但当这些真实地发生在眼前的时候，我还是有些迷茫和怀疑。跟随医生走出病房，他看出了我们的茫然，“是不是很不可思议？”我们不约而同地重重点了点头。他解释说：“就像你们看到的，小伟出现了幻听。可能你们在专业课上也有所了解，这属于常见精神病性症状的感知障碍，他这正是典型的幻听症状。通常这类患者会出现幻听，还能听到具体内容，也就是小伟口中说的‘那个声音’。”“原来是这样。”我们点点头。医生继续解释说：“我们都知道，幻听是虚幻的，现实里并不存在。小伟之所以会这样，是因为他大脑中处理声音的系统对信号的加工出现了错误，以致他会产生幻听，有人在他耳边说话，就像现在你们听到我说话一样真实，于是他会和对方进行对话。”听到这，我顿时想起了课堂上老师给我们分析过相关的病例病因，和所学习的理论知识联系上了，解开了许多疑惑。

“那是什么原因导致的感知障碍呢？”我们还有不少疑惑。医生回答：“原因不是唯一的，造成感知障碍的因素有很多，有可能是其他心理疾病引起的，也有可能是药物因素，或是和环境、生活方式这些有关系。在我们正常人身上也会有错误感知的时候，比如说你走在路上，突然好像听到有人叫你的名字，你抬头望了望，最后发现其实周边根本没有你认识的人，这时候就会意识到自己弄错了。”这下我们都笑了，因为这种经历确实也在我们生活中出现过。医生也乐了，继续说：“我们能够分清楚哪些是真实的，哪些是不存在的，哪些是自己弄错的，这叫自知力清晰，但患者不行，他分不清楚真实和虚幻，坚持把虚幻的当作真实，这时候就出问题了。我们看不见他‘看见’的人，我们也听不见他‘听见’的声音，但他坚信他‘看见’的、‘听

见’的都是真实的。”这时一个同学问道：“那他感知上的异常会不会导致行为冲动，继而做出伤害行为呢？”这其实也是我担心的患者攻击性问题，因此我把耳朵竖得更直了。医生安慰地拍了拍那个同学的肩膀，理解地点点头：“有这种可能的，比如说患者出现了被害妄想，于是在妄想的基础上‘听’到有人要伤害他时，他就可能会做出他所认为的‘防卫’行为来‘保护’自己，事实上有关‘敌人’的一切都是他想象出来的，但他的‘防卫’却是真实的。不过，并不是所有的感知障碍都会导致攻击行为，比如说刚才的小伟，他‘听’到的声音更多只是和他聊天，从目前情况来看，并不会对小伟自己或是身边的人造成肢体伤害。所以也不用太过害怕，和精神病患者打交道，要有警惕之心，但也没必要草木皆兵。有些患者纯净、真实，你们跟他们交流时，会觉得他们就像孩子一样，也挺可爱的。”听到这，我不禁肃然起敬，不仅是因为医生的这番话让我对精神病患者放下了有色眼镜和防备，影响我今后对他们的认知和态度，更是因为从医生的话里听出了医者仁心的德情，心有暖香，一生明媚。

我的人生里，小伟的故事也许到这里就结束了，但我知道，在这个世界上还有很多像小伟一样受心理疾病困扰、折磨的患者，他们也许会在我们的人生旅途中出现，甚至此刻就在我们身边。他们并不可怕，只不过是暂时陷入了困境，他们需要被理解，需要被接纳，需要我们去帮助。过往皆为序章，未来美好皆为可盼，希望他们历经病痛磨难后，所行皆是坦途。

每种色彩都有它的绚烂

楼梯迎面，墙壁上画着鲜艳的向日葵，一片生机的稻田边上还伫立着一个稻草人，展现着田野辽阔的景象。我从壁画前缓步走过，一路欣赏，满满的惬意。踏入走廊，每隔几个门就挂着治愈的卡通字画。走进多功能教室，精致的课桌椅摆放整齐，书架上陈列着各种丰富有趣的教学材料，眼光所及之处充满温馨。没错，这里有着医院最丰富的色彩。

查完房，是我们的自由活动时间。同学们有的跟随带教医生去办公室看病历，有的去参观教室，这时候我再次走进了病房——并没有太多事先的计划，只是路过转角一间病房时，看到里边一位中年妇女正在病床旁默默地整理东西，动作娴熟而有序。这份无声吸引着我走向她。

“您好！我可以进来吗？”我敲了敲门，向阿姨招手。她热情地微笑着回应我：“当然可以！快进来吧，见习医生。”我身穿白大褂，在之前查房的时候，带教医生也提到我们是见习生，因此不难确认我的身份。“阿姨，这会儿怎么只有您一个人在呐？”“她们刚好去做治疗了，要是你想找她们聊天，估计得等一会儿。”“没关系。”我看了下病床前的标签，“小希名字真好听！”阿姨点了点头说：“是吗？她是咱们家的第一个孩子，也是她爷爷唯一的孙女，她就是我们全家的希望呀！所以取的这个名字。要是她能像我们希望的那样好好成长该多好，怎么也想不到她会患上抑郁症。唉——”

“阿姨，我可以跟您了解下小希的情况吗？”小希妈妈答应了我的请求。我小心地问：“小希是什么时候发病的呢？你们当时是怎么发现的？”“是去年6月，她突然跟我说：‘妈妈我好难受，我好像患上了抑郁症，我快坚持不下去了，你带我去看病好吗？’我当时第一反应是不可思议，什么也不懂，以为她是学习上遇到了困难，压力大，才说的这些话……”我继续追问：“那当时你们有去医院检查吗？”“没有，当时我以为这不是什么病，我和她爸爸工作也很忙，想着没有到要去医院的地步，所以只是尽力安慰她。”小希妈妈的语气渐渐低沉下来，“后来过了小半年，一次期中考试失利后她回到家，她爷爷正好问了她几句最近的学习情况，她闷闷地什么话也不说。就在我们责怪她对待爷爷这么没礼貌的时候，她忽然拿起酒柜上的水果刀划破自己的手腕，当时我吓得心都快跳出来了……”我的心也在听到小希拿起刀子的瞬间悬起来，而小希妈妈的双眼早已泛起了泪光。

“这时候，我才真正意识到这不是一件小事。”之后，小希妈妈努力地安抚小希的情绪，先是上网查询了有关抑郁症的症状和治疗途径，继而联系了心理咨询工作者。心理咨询工作者明确地告诉小希妈妈，小希存在抑郁倾向，建议能及时到精神病专科医院就诊。后来经医院检查，小希被确诊为重度抑郁，并伴有幻听现象。现在，小希已经在这里接受了两个多月的治疗。

小希妈妈很和善，在谈到自己的工作时十分乐观开朗，但一说到小希的病情，她立刻黯然神伤，眼里满是内疚和担忧。“和医生聊过后，我发现我们做父母的平日里说的话都是错的。我们一直以来只是按照自己所认为对的方式去对待她，而忽略了她的感受，以致她心里累积的东西超出了一个孩子能承受的范围。”小希妈妈告诉我，小希一直是他们眼里的好孩子，爱学习，有自己的目标，很少生气，也不会抱怨什么，

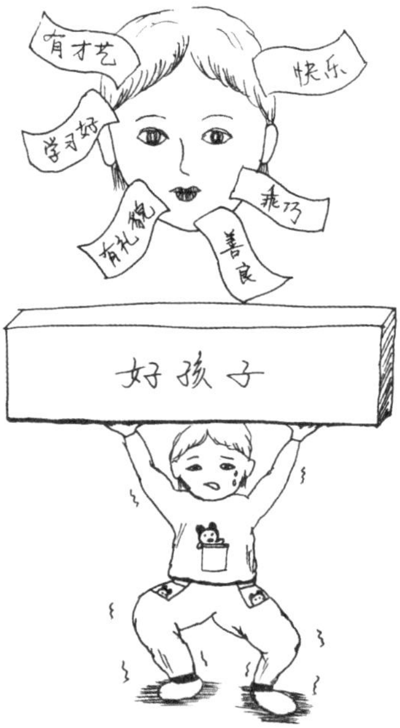

可就是如此可爱的好孩子竟遭此困境。妈妈是可亲的，小希是上进的，为什么原本看似一切都很美好的生活却偏离了它原有的轨道呢？

在变态心理学课上，我学习过有关抑郁症的病因学知识。这种疾病受生物学、社会学、心理学等因素的共同影响，其中生物学因素涉及基因、神经递质系统、激素系统和脑区的变化。我没有去看小希的病历，不知道她这些方面的情况是怎样的。但从小希妈妈的谈话中，我能感受到社会学、心理学因素在小希患上抑郁症过程中所产生的影响。对一个孩子来说，“懂事”意味着要去揣摩周围人，特别是亲朋好友的意图，并尽力去满足这些意图，以换取“好孩子”的标签。都说会哭的孩子有奶吃，太懂事的孩子没糖吃，不是这些懂事的孩子不想吃糖，而是别人会认为孩子吃糖对牙齿不好，因此当别人的意图和自己的愿望不相符的时候，懂事的孩子只有牺牲掉自己的愿望，才能维持他人眼中的“好孩子”形象。而小希恰恰就是这么一个很懂事的孩子，她从小就被视为全家人的希望，她的价值感也来自全家人对她的肯定，她一直在努力维持家人眼里的乖孩子形象。孩子的乖巧听话又会让家人更加得意于自己教育的成功。进入初三，学习难度加大，小希在学习上遭遇了瓶颈，一次次考试的失利，她发现自己不够优秀，达不到家人的期望，这种焦虑与恐惧让她找不到自己的位置，处于自我怀疑的状态。这时候家人没能真正体会到小希的心理落差，仅是表示接受孩子成绩下降的事实，并让她“继续加油”。可由于高要求得不到满足，加之各方面的心理压力，小希开始变得敏感，家人安慰的话语往往被她听出了言外之意。就像简单的一句“你尽力就好，结果不重要”，会让她认为家人是在安慰式地降低要求，觉得自己辜负了家人的期望。一方面她感到自己实现不了家人的目标，另一方面她又害怕家人对她降低期望目标，总之，无论怎样，她得出的结论都是“家人对我失望了，我真没有用”。而她从小养成的“很少生气，也不会抱怨什么”的性格又让她不知道怎么表达内心的真实感受，长期的压抑和随之而来的自我否定让她陷入了消极悲观的境地。自从情绪低落、沉闷后，无论是家人的言语或是学校环境中的其他因素，都会使她发展出自动化的消极图式或信念——“我没用，我很差”，从而慢慢地对身边的人失去信任，变得患得患失，以致发展成抑郁症，产生严重的幻听幻视现象。

但幸运的是，小希的家人在她患病后意识到了自己言行的不当。“我们不知道这样说话会让她产生那么大的压力，自从她被诊断有抑郁症后，我们在家都不敢轻易说什么话，生怕她因为敏感而发病……”他们明白了要多倾听孩子，多陪伴孩子。小希说她想报网课以好好准备初三的学习，妈妈同意了，并表示等她情况好些了再陪她去旅游，平稳地走过这一段时光。

小希在花一样的年纪却经历着同龄人无法体会的痛苦，着实让人心酸。每个人在不同环境下成长所遇到的问题都无法被预料和掌控。小希也是幸运的，因为家人能陪伴她一起成长，共同克服困难，相信一切都会好起来。人生有风雨，有家人的陪伴，即便躲避不了风雨，也能将它当作一场御风赏雨的浪漫来共同经历，让一家人的情感在风雨历程中温暖弥坚。世界是五彩缤纷的，每种色彩都有它的绚烂，每个孩子也会找到适合自己的位置。

教授变态心理学的老师在课堂上说过，我们会在见习过程中收获很多东西。的确，见习的这些天，自己接触到的、在路上和同学们一起分享的，每一天的信息量都非常大。我见到了不同心理障碍、精神障碍个案的表现，听了很多个故事，有不解也有感悟。尽管这些患者遍布每一个年龄段，但他们指向的问题其实是相对集中的。孩子们离不开原生家庭和学校等环境因素的影响，大人们逃不开生计压力的困扰。谁不希望自己的生活变得更好更舒适呢？他们不过是在追求自我的道路上出现了一点小状况，需要一定时间的缓冲。

我们常在生活中听到抑郁症这个词，可事实上大多数人所理解的都是浅层的东西。我也是在精神病专科医院的这几天，通过医生的讲解，结合所见到的患者的症状，才对它有了更深的理解。抑郁症的核心症状是情绪低落、兴趣减退、精力下降。这样概括起来，好像每个人都有过抑郁的表现。我们每个人都会有抑郁情绪，但这和抑郁症有

很大区别。抑郁症患者除了满足核心症状，还会有其他的伴随症状，如思维迟缓、睡眠不佳、食欲下降，可能还有幻听幻视、自残行为等。还有一个重要的时程上的判断标准，即这种状态是否持续两个星期以上。我通过查阅资料还认识到了抑郁症的药物治疗原理。脑部是通过数种神经递质来维持正常工作的，其中包括血清素和去甲肾上腺素等，而抗抑郁药是一种“补脑药”，可以改善大脑血清素或去甲肾上腺素的调节分泌，使脑细胞功能恢复正常，让人重拾快乐的感觉，增强抗逆能力。但无论如何，药物只是对症治疗，心病还需心药医，对患者来说，心理的重建才是医治的根本，而对患者的亲友来说，心理的关怀和支持才是真正的雪中送炭和良药。

这些天，我在跟患者聊天的过程中因共情过深而精神紧绷，也有深入认识一种疾病障碍而开悟的收获感，最大的启发是重新认识了理论和实践的关系。从所有的医生身上，我看到了注重理论学习的工作态度，必须认真地看书学习理论，才能对某种障碍有更全面的认识。另外，一定要抓住实践的机会，当自己在解决实际问题中运用了学到的知识理论的时候，会有一种畅快的感觉。也许是因为这一周脑海中一直盘旋着各种理论知识，这天晚上我带着满满的冲劲去了图书馆。没有任何功利性目的，只想单纯地去了解更多病理内容或是心理学知识。

生活中总有我们没遇见过的困难，也总有那么些人在干着不容易的事。今天的我，突然发现了这个世界的多种可能性：有患者憧憬的快乐世界，有医者的执着付出，还有我们这一代人的无限追求……这次见习带来的感受和认识，是我无法用文字将其全面描述的。它让我更加深刻地认识到，不管未来我处在哪个位置，无论是面对心理咨询工作、教学工作，还是和亲朋好友的情感交流，都需要自己有足够丰富的见识和能力。见习的心路历程也极大地鼓舞了我更大范围地去学习和感知，因为只有先把自己武装好了，才能留出更多的位置装进别人的故事。

岁月有痕，心中有爱

杨瑛华　曾玲娟

我并非完美无缺，你也不是一无是处。希望我身上微弱的光，有一日能遇上你漆黑的夜，助你光芒万丈。坚持着，总有一天，你会站在最亮的地方，活成自己曾经渴望的模样。

岁月匆匆容颜易，它不仅仅留给我们外在的印记，更在我们的生命中划下深深的刻痕。寒来暑往，匆匆流年，我们不断在人生路上遇到各种人和事，时而欢笑，时而忧伤，时而彷徨，时而无助……留下许多值得我们留意和珍藏的记忆。十一月的秋天，我专业学习中的第一次见习之旅开启，地点是精神病专科医院。短短五天，我和他们相遇，我的眼、我的耳，在我的心中记录下各种故事。他们，是我生命中的印痕；我，阅读过他们。

恩赐？教训？

曾看到过一句话：相遇总有原因，不是恩赐，就是教训。从没想过，我会身着白大褂穿行在医院的病房和走廊。怀着期待而又紧张的心情，我以一种特别的方式踏进了精神病专科医院的大门。这家医院，我很早前就听说过，说话人语气里的怜悯、鄙视给我留下了深刻的印象，同时，“精神病院”“疯子”也给我留下了深刻的恐怖印象。然而，仅仅是第一天的见习，我就意识到人们对精神病专科医院的了解有多么肤浅。这里的患者远不是人们想象中的那么可怕，他们能交流、会思考、渴望关爱，如果不是在医院里，很多时候你根本意识不到他们就在我们身边。同样，如果不是在医院里，你或许也意识不到有这么多人被日常的睡眠、饮食、人际关系等困扰而生命无光。

这一天令我印象最深刻的是医生在心理门诊的问诊初筛。一上午，前来问诊的人陆陆续续，医生一直没有停歇过。

“我女儿近期情绪低落，整天闷闷不乐，也不爱说话，睡眠不好，没有胃口，目前已经休学了……”

“我孩子近期脾气暴躁，时常不能控制自己的情绪，且容易跟别人闹矛盾、起冲突……”

“我在学校人际关系不好，经常与同学闹矛盾，矛盾发生时都没有同学站在我这边，为我说话，相反，其他同学也来责骂我，都认为是我有错在先，包括老师也责备我……”

“我吃了上次开的药后仍没有什么改观，反而更加不舒服，越吃越难受……而且我最近记忆力严重下降，容易健忘，根本就没法看书学习，想休学……”

好不容易到了快下班的时候，趁没有患者咨询的空隙，同组的小贾

对青少年抑郁，

请多一点包容与关爱。

半开玩笑地问医生："您每天接触这么多患者，是否感觉自己也会受他们的影响？"

"唉！"医生叹了口气，笑着对我们说，"确实，听患者们说着说着，我感觉自己也快抑郁了，所以心理医生需要督导，更需要不断学习，要有很好的自我调节能力。"

"那他们一般是什么原因才来问诊的呢？"我好奇地问。

"以抑郁、焦虑的居多。"

"我看到好多都是初中生。"

"是啊，初高中生正处于青春期，无论是对自己的内心还是对外界刺激的反应都很敏感，在他们身上交织着各种矛盾。他们一方面追求人格上的独立，不喜欢什么事都与家人倾诉；另一方面又对成年人有依赖，希望得到父母、老师等的关心、关注和关爱。而父母的不理解、老师的责备、同学的疏远，让他们觉得自己一无是处，没人关心，没人爱护，对他们来说无疑是一种巨大的打击，因此心理极易出现问题。"医生耐心地跟我们解释。

人们常说，少年不识愁滋味。现在的青少年生活在信息化时代，互联网信息丰富多彩、形式多样，但各种信息参差不齐，很容易让不谙世事的青少年迷失方向。尽管他们表面上看起来很叛逆很独立，但其实内心非常渴望尊重、关怀和引导，当成年人不能理解青少年的这种矛盾心理时，很容易出现双方对立，由此导致青少年产生严重的焦虑和抑郁，甚至精神分裂。

暗黑中的女孩

第二天一早，我们小组来到儿童青少年病区。这里给我的第一印象是空气清新、草木皆绿，在秋日暖阳的照耀下显得格外迷人。室外的活动多样，患者有的边打扑克边和病友说笑，有的做广播体操、跑步，也有的独自一人沐浴着阳光深思冥想……此刻情景平淡、温馨，让我不禁沉浸其中，已然忘记了这里是医院，忘记了自己只是个普通的见习生。

“你们先在这里等候，待我们开完会后，再带你们去查房。”带教医生的话瞬时把我拉回了现实中。此时的我已经迫不及待想去认识这里的患者了，为了平复自己的心情，我来回走动着消磨时间，期待着接下来与患者的面对面。

表面看起来的美好，背后往往隐藏着悲伤的故事。查房时，医生告诉我们，这里的患者大多患抑郁症，虽然他们现在看起来生龙活虎的，像正常人一样，但是在病情发作时，很多都有过自残行为或自杀念头。如果跟他们近距离接触，便会发现他们中的一些人手臂上有多处伤痕。在带教医生的安排下，我们见到了雨悠。

刚见面时，雨悠极其拘束，且无精打采的，一直低头抠着手，不敢直视我们。慢慢地，我们了解到，雨悠正读初二，因患抑郁症已休学。她家里除了父母还有一个哥哥，父母常年在外打工，因雨悠患病，母亲才回家照顾她，哥哥已经参加工作。

“你和哥哥的关系怎么样呀？”我的同伴小王关心地问。

“关系很好，我们经常开玩笑相互打闹。”说到哥哥，雨悠流露出一丝笑意，没有了刚开始时的拘谨。

“我和我弟弟也是，喜欢打闹，但我总打不过弟弟。”小李笑着回应。

雨悠听后，扬起嘴角笑了起来，骄傲地说：“我哥哥打不过我呢。”

“你在学校和同学相处得怎么样呀？”

“在学校我常被同学欺负，他们排挤、辱骂甚至殴打我，说我是神经病，没人愿意和我交朋友。”一说到同学，才摆脱拘谨的雨悠神情突然黯淡下来，一边抠手，一边难过地说。

我们见她情绪有些低落，便一边安抚，一边问：“是怎么回事呀？”

“我也不知道。”雨悠有气无力。

“他们欺负你时，你反抗吗？或者告知老师吗？”我问。

“不反抗，我一个人怎么打得过他们呀？”她的表情略显无奈，“我告诉过老师我的遭遇，老师非但没有帮助我，反而认为是我的错。”

“那你好好养病，待出院后，再去教训欺负你的同学。”小李希望可以逗乐她。

“不了，我不想伤害他们。”雨悠告诉我们，因为同学欺负、老师不理解，她曾转过学，但情况仍然没有改观。直到一位刚大学毕业的老师担任她的数学老师，在她被欺负时，要求欺负者向她道歉，她才第一次有被人保护的感觉，很是感动。

除了遭受校园欺凌，父母的不理解，也是雨悠患病的重要原因。

“既然你们这么不喜欢我，那就让我去死啊！”雨悠父母来医院看望她时，她边摔东西，边冲父母怒吼。因为家距离医院很远，妈妈不会开车，所以通常都是爸爸、妈妈以及哥哥三个人一同前来看望她，但每次她都会与父母发生争执。父母责怪她不懂事，已经花了一大笔钱在治疗上，还不好好配合。每每父母责备她，她就会情绪激动，摔东西、顶撞父母，“我不希望爸妈来医院看我，”但是她又害怕被父母抛弃，“我经常做噩梦，梦到我爸爸妈妈离婚了，但是他们都不要我，而是要哥哥。”说到这些，雨悠眼里有点点泪花在闪烁，“而且，我还经常听到有人骂我。”

“是谁在骂你？”

“不知道是谁，反正我能听到。说我没有用，是废物。”

“你一定很难过。”我伸手拉住了她的手，冰凉冰凉的。

“我也觉得自己毫无用处，活着没意思。有一天晚上，家里人都睡着了，我又听到那个声音在骂我，让我更加睡不着，于是就取出刮眉刀在手腕上划了几下。”

我的心一抖，急忙问：“你不疼吗？”

“不疼！一点也不疼！”

我们听到这里，都瞪大了眼睛，一时间谁也没出声，不知道该说什么。反倒是雨悠，自己继续说下去：“正好妈妈去卫生间，看到我房间还亮着灯，她走进来，赶紧制止了我，并帮我包扎伤口。那天晚上，爸爸妈妈都被吓坏了，后来是妈妈陪着我睡的。那天以后，只要我感到难受，就想伤害自己。也是因为这样，爸爸妈妈才送我到这里来的。”这时，我才注意到她穿着长袖，袖子被拉得很下，盖过了手腕。也许注意到了我看向她手腕的目光，雨悠拉起了袖子，露出那些触目惊心的累累伤痕！我们再一次目瞪口呆，我的头嗡嗡作响，一股凉气从心里漾出来。小李率先反应过来：“你伤心时，难道没有想过换一种方式来放松心情，比如大声哭出来，或者去跟欺负你的人打一架？”

“没有，我不想打扰别人。”她很坚定地回答。

“你太懂事了！”小王夸赞她。

“懂事？这可是第一次有人夸我懂事。”她抬头看着坐在她旁边的小王，有些难以置信，“我有时候感觉挺绝望的……”

看到她情绪依旧低落，我们尝试着安慰她：“每个人都是独一无二的，都是重要的存在，你要爱你自己啊。”而她回答：“我爱谁也不能爱自己，我那么没用。”我们面面相觑，很是尴尬。

为缓解沉默的尴尬气氛，我尝试着转移话题，转而问她：“你有什么兴趣爱好吗？平时在医院一般干什么呀？玩手机、和别人聊天吗？”

“平时会看看书，也玩手机，喜欢用 QQ 跟别人聊天。”

小王小声问："那你交网友吗？"

"有！"她毫不犹豫地回答，这倒出乎我们意料。

"有网友挺好的，一起聊天，分担烦恼，分享快乐。"我附和着她。

"是什么网友呀？"看到她变得开心起来，小王随即和她开起玩笑。

"呃……嗯……这有点尴尬……"她微笑着，有点腼腆地小声说，"是我的男朋友。"

我们有些诧异，彼此对视了一下，然后欢呼："原来是这样！"

她看到我们这样，禁不住笑了。跟她聊了这么久，终于看到了她天真烂漫的样子。她很骄傲地告诉我们，男朋友比她大三岁，目前正读高三，家在广东，成绩很好，很优秀，还是校草，经常参加比赛获得奖金，爸爸是大学教授，妈妈是专家，家里很有钱。但遗憾的是，雨悠至今仍未与男朋友谋面，都是通过 QQ 聊天或者打打电话而已。她说男朋友平时很高冷，唯独对她温柔热情，时常鼓励她，还会嘱咐她注意休息。

我们听完她的讲述，应和道："好羡慕，我们也想拥有这样的男朋友！"

她更加自豪地说："他就是我的希望，我想和他去上海迪士尼乐园玩。"

"那你要好好爱自己，恢复好身体，尽早出院，打扮得漂漂亮亮的去见他。"我顺势说。

"这……不太可能吧……我现在什么都不是！"她的音量突然变小，以至我听不太清她说什么，不过能肯定的是，她很自卑。

为了增强她的自信心，我们只能顺着她引以为傲的"恋情"聊下去……

事后，我们几人就雨悠的遭遇进行讨论。由于信息缺乏，我们不能确切地知道她在学校里更具体的情况，但显然同学的排挤、老师和父母的不理解，无疑对本来就自卑、渴望他人关爱的雨悠来说是沉重的打击。自卑像一张黑暗的大网把她牢牢地笼罩住，让她喘息艰难，于是她想用自残的方式让自己透透气，并且使她能够暂时得到父母的关注；但显然，父母的支持也是极其有限的，最后她把情感投注到了网络男友的身上。不管真假与否，她所谓的男朋友都是她面对生活的最大动力，在她看来，真正关爱她的只有男朋友，而且这个男朋友足够优秀，是她的骄傲，是她战胜自卑的动力源泉。不知在接下来的治疗中，医生能否帮助她在黑暗中找到照亮现实的一道光，让她变得越来越强大。真心希望在她苦尽甘来的那一天，星河都为她化作赞礼。

拨开云雾，你就是光

这一天，我们小组来到了睡眠障碍病区，这里毗邻儿童青少年病区，共享宜人的环境和活动室，患者可以在活动室打乒乓球、下象棋、玩扑克牌、画画等，也可以和医生、病友及陪护家属聊天。

“昨晚睡得可好?”一位医生走进活动室，关心地询问一名独坐一旁的患者。这名患者看上去很精神，他回答道：“我昨晚吃完药后，十点多就睡着了，一觉睡到今天早上五点多，护士查房我都不知道。”“很好，这些药是助眠的，每天按时吃，睡眠质量会改善。”医生说。

跟随医生查房时，我了解到这里的患者大多是失眠症患者，因睡眠质量差，他们的工作生活受到严重影响，迫不得已来此接受治疗。当我们走进病房时，患者们纷纷主动向医生说明自己的睡眠状况，除了一个侧躺在病床上的小女孩。

“医生来查房了，起来跟医生说说你昨晚睡得怎么样。”一名年轻阿姨劝说那个背向我们蜷缩在病床上的小女孩。

医生见此，关心地问："小妹妹，今天这是怎么了？害羞了？"

"也许是今天来查房的人多，有点害怕了。"年轻阿姨解释。

确实，我们八个见习生跟随七个医生来查房，人多得病房都挤不下，有些同学只能在门口观察。

医生见小女孩不回应，便不再打扰，继续走向下一间病房。查房完毕，由于我们三个女生对那个小女孩比较感兴趣，就向带教医生问起了她。医生笑了："她今天可能确实是有些害羞了，你们都是女孩，可以去找她聊聊。"

我们重新来到小女孩的病房门口："哈喽，我们可以进来吗？"

"可以，进来吧！"里面的患者和家属异口同声地回应。小女孩已经在床上坐了起来，听到声音扭头看了我们一眼。她身着印有蓝色条纹的白色病号服，或许是刚起床没来得及梳洗的缘故，她的齐肩短发略显凌乱，脸蛋圆润，一双闪着纯真的眼睛，给人一种很和善又羞涩的感觉。"小妹妹，我们想和你聊聊天，可以吗？"小王温和地问。小女孩眨了眨眼睛，点点头。一旁的阿姨主动把椅子让给我们，走出了病房。

小女孩名叫安然，那名年轻阿姨是她的姑姑。安然正读高三，因失眠严重，平时不能合理调控自己的情绪，容易冲动，便在姑姑的陪同下来此住院。交谈中我们了解到，安然平日性格内向孤僻，喜欢独自一人待着。她待人友善，人际关系良好，只是独立性太强，且过于为他人着想，为此操心过度，徒增烦恼。

"每次小组作业，组员都不尽力而为，要么不按时完成分配的任务，要么草草了事，而我做事一向讲求效率，不喜欢拖拉，更不想麻烦他人。为此，我常一个人完成小组任务。然而，让我寒心的是，他们非但不感激我，反而说我爱表现爱出风头，企图讨好老师和同学。"当我们问及烦恼的原因时，安然语气中略显怨气。

“他们怎么这样？”小王追问。

“他们做事马马虎虎的，总想着推卸责任。”安然解释道。

“说实话，我也不喜欢以小组形式完成作业，一个小组的作业一般只有一个或少数几个人完成，其他的都是‘打酱油’的。”我说。

“对啊，特别是发表想法、提出意见或建议时，他们根本不搭理你。而当你在无异议的前提下，完成相关任务并在小组内公布时，他们便开始说哪里哪里不好，质疑你的想法和能力。”

“但当你问他们有什么问题，如何修改时，他们又不吭声了。”我接着说。

“对对对，就是这样。”安然与我对视了一眼，“所以我不喜欢小组作业，虽然它可以考验一个团队的合作能力，但是我还是倾向于自己一个人安静、认真地完成本分工作。”

“你比较喜欢独处吗？”小杨关心地问。

“我喜欢安静，不想被打扰。”安然连连点头。她跟我们吐槽，疫情期间在家上网课时，她的一个同学通过 QQ 约她出去逛街，她因为

要上课而拒绝。但同学仍不断发信息，这让她很烦躁，就直接把同学的 QQ 号删了。然而，该同学不肯就此罢休，转而发微信。这种行为让她极其烦恼和无奈，决定不再理会这个同学。但也就是因为这样，这个同学四处说她孤僻。

类似这样的事情，似乎都不是大事，但她常常会为这样的事情烦恼，也影响到了睡眠。

“当你遇到烦心事时，会和家人或朋友倾诉吗？”我关切地问道。

“一般不会。我不想把自己的不快乐带给身边的人，也不想麻烦他人，更不想因为小事打扰他人的生活。”

“其实，好朋友都乐意帮助对方排忧解难，自己也因为倾诉心情会轻松许多。”

“我曾经跟一个好朋友在 QQ 上诉说自己的烦恼，她当时有事没能及时回复我，后来看到信息，问我怎么回事时，我又因有事没能及时回复她，她因此很担心，怕我出事，通过各种途径找我。事后，我感到非常愧疚，更坚定了遇事自己一个人扛的信念。我朋友不多，但我觉得朋友贵在真，而不在于多。”

“确实，不然怎么说‘知音难遇’呢？”我调侃道。

“这个我懂，不过我确实不想再麻烦他人了，我觉得没必要让别人跟我一起痛苦。”安然再次跟我们强调。

就这样，烦恼在她心里越积越多，无法得到排解，最终爆发了。她失眠愈加严重，总是在晚上偷偷哭泣，脾气开始变得暴躁，常因小事发火，也曾多次想过自杀，好在心中的理智战胜了这可怕的念头。

“妈妈辛苦把我养大，姑姑也很爱我，我不能就这样走了。我要好好读书，健康快乐生活，以后挣钱让妈妈和姑姑享清福。”

“你现在感觉怎么样了？”

“现在好多了！住院后，我开始敞开心扉，跟妈妈、姑姑聊聊心事，不再封闭自己。”

我对她终于肯迈出自己的圈子，尝试着与人倾诉心事感到欣慰。“你平时有什么兴趣爱好吗？在医院一般做什么呢？”

“我喜欢画画、听音乐、写写东西等，这样可以有效排解心中的烦恼……”

因为时间的缘故，我们没有再聊下去。不过看她病情有所好转，我们都为她感到高兴。

与安然道别后，我们三个就她的经历继续讨论。安然是个三观很正的女孩子，敏感懂事，但在人际交往方面还有待提高。青春期的女孩，心思纷扰其实很普遍，就像歌词里唱的“女孩的心思你别猜，猜了也白猜”。同伴、学业等都会影响心情，况且安然是个安静、内向的女孩，对情绪情感的体验更加深刻，一些负性情绪如果不能及时宣泄，很容易积少成多，一旦被外界的某个点触发，就会成为压垮骆驼的最后一根稻草。

在下班回校的路上，我时不时就安然来对照自己：自己又何尝不是这样呢？总是什么事都憋在心里，遇事不喜欢跟人商量，总认为什么事都可以自己解决，不必让父母担心。但最后事情变得难以解决之时，自己的压力会更大，家人也更担心。所以，我们要学会适度地向家人、朋友倾诉心事，相信他们会是很好的倾听者。拨开云雾，我们每个人都可以让光亮照进来，心也会变得温暖。

乘风破浪，驶向暖湾

见习的最后一天，全班同学被分配到封闭式病房的不同科室，我们小组去的是精神科，那里主要收治精神分裂症患者。踏入精神科所在楼层的那一刻，我便感觉这里极其冷清，缺乏生机与活力，于是有些紧张、害怕。这里设有多间小型病房，门窗紧闭，我们从外面根本无法看到病房里的状况，直到跟随带教医生查房时才“识得庐山真面目”。

除了病房，这里还有一间较大的活动室，病情相对稳定的患者可以在这里自由活动。当我们走进去时，患者们纷纷围拢过来，把我们吓了一跳，下意识地往后退。“同学们不用紧张，他们不会伤害大家的，只是看到我们进来，以为我们会放他们出去，所以有些高兴。”带教医生感知到我们的警惕，便安慰我们。果真，患者们围上来特别热情地跟我们打招呼，一副自来熟的模样，反倒衬托得我们像患者一样，这让我们哭笑不得。

下午，在带教医生的安排下，我们和患者思佳进行了一番交流。

初见思佳，我感觉他是一个乖巧可爱的小男孩。刚开始，他坐在我们五个人对面，表现得有些拘谨，两腿并拢，双手紧握放在腿上，脸通红，挺害羞的样子。他介绍自己正在读初二，曾因抑郁、失眠严重，在睡眠障碍病区住院治疗过。在这之前，我通过他的病历了解到，他平时性格活泼、开朗，这次因行为异常持续了三个月左右，所以父母送他过来二次住院。

或许是因为在封闭式病房待了几天，他变得有些不爱说话。“你这次是因为什么来这里住院呢？”小李试图打破沉闷的氛围，开启了话题。

“我也不知道原因，是家人送我来的。我来到这儿的第一天傍晚，有位患者来回走动，并大声说话，我看不惯，于是控制不了自己的情绪，说了他一通，然后就被医生莫名其妙地绑了一晚上。”他皱了皱眉，对医生的做法表示不理解。

“这让你感觉挺委屈的吧？”我看了看他，表示同情。虽然我知道他被绑的原因肯定不会只有这一个，但是他的主治医生下午开会去了，我无法进一步探明他的情况。

沉默了一会儿，我尝试着问："那你现在跟这里的病友关系如何呢？交到新朋友了吗？"

"还好吧，偶尔会和他们说说话，只是刚来几天，还没交到朋友。"他语气很平和。

"你现在感觉怎样？"小江关心地问。

"我现在好多了，应该快出院了。我实在不想待在这里了，我想回家，想弟弟了。"他相信自己的病情已好转，希望可以尽快回家。

"你和弟弟关系很好？"我顺着他的话问，以免再次冷场。

"我和弟弟经常一起玩耍。"他有些自豪地点点头。

思佳告诉我们，他有一个亲哥、一个堂弟。哥哥比他大七岁，在部队很少回家。他很羡慕哥哥，因为他感觉父母偏爱哥哥，常在亲戚面前夸赞哥哥，而自己从未得到父母的关注，感觉自己像个透明人。父母一点也不关心他在不在家，有时他故意回家很晚，想看看父母会不会着急，可是无论多晚，父母从来都不过问，因此他觉得父母不爱他。

"那你有没有把你的感受跟你爸爸妈妈说过呢？"

"或许他们不是不关心你，只是太忙了，一时半会顾不上你而已。"

"还可能是他们想给你更多自由的空间。"

"是啊，可能他们觉得你长大了，不好过多干涉你的生活。"

我们见他情绪有些低落，就七嘴八舌地安慰他。

"我没有跟他们说过我的这些想法……"他看了看我们，没有反驳我们的话，但我还是能从他的眼神中看出他的无奈与自卑。

后来，思佳还跟我们说他在住院前的两个多星期里失眠特别严重，可以连续几天不睡觉，但一点都不感到困倦，反而觉得浑身有使不完的劲，特别有精神。

"那你不睡觉，一般干什么？"

"画画、玩手机、打游戏……实在累了就眯一会儿。"

“你一天三餐正常吗?”

“不按时吃，实在很饿，家里又没有准备饭菜的时候，我就喝点饮料，吃点零食。”

“你不点外卖吗?”

“外卖?我这辈子可能都不会再点外卖了!”

“这是为什么呢?”

“我觉得有人害我。有一次我在学校点外卖，发现奶茶和炒粉里有白色的东西，我吃了就头晕，后来好几次都是这样。我肯定白色的东西就是毒品。从这之后，我发誓不再点外卖。”

“真是毒品吗?”

“是啊，不然怎么吃了后会头晕呢?”

这时，我突然想到今天早上医生跟我们说过，思佳有被害妄想的症状，主要表现为觉得有人想加害自己，缺乏安全感。就像现在这样，总觉得有人在他吃的东西里下毒。

“你觉得有人要害你呀，你还有其他证据吗?”我想进一步了解他的被害妄想症状表现，于是顺着他的话问他。

他怀疑身边的人吸毒。他说，有一次他发现邻居家的弟弟吸毒，就想把那个弟弟送去公安局戒毒。但走到公安局门口时，他突然想到弟弟的奶奶已年迈，担心弟弟进去戒毒后，奶奶没有人照顾，就把弟弟领回家，并将此事告知奶奶。结果，奶奶却诬赖他，说是他带她孙子去吸毒的。他感到很委屈，但是他却早已习惯这种感觉，因为在村里人看来，他就是一个坏孩子。

“我只是不想看着他陷入吸毒的深渊，作为哥哥，管教他是我的责任!”这是他在讲述自己的经历时，说得最铿锵有力的一句话。正因为如此，我才觉得，面前这个在别人看来是坏孩子的思佳多么懂事和仗义啊!他的童年不像大多数孩子那样绚丽多彩，他背负的远比其他孩子要多。

“我晚上睡觉时经常听到有人骂我，说我是坏孩子。”思佳低着头，委屈巴巴地说。

“他们为什么会说你是坏孩子呢？”小江听后，表情凝重地问道。

“我从小比较调皮、浪荡，村里人都觉得我是个不懂事的孩子，并且还认为我会带坏其他孩子。”

“其实每个小孩都喜欢玩，尤其是农村的孩子。小学放学回家后，我也特别喜欢玩。怎么说呢，玩是孩子的天性，不能作为评判一个人是否懂事的标准。”小李说。

思佳听了，低着头，嘴角扬起一丝微笑。

“你平时做噩梦吗？”在沉默了大约一分钟后，我继续问他。

“我经常会梦到一些奇怪的事物。”他平静地回答，情绪没有任何波澜。

他回忆，因为酷爱开摩托车，他曾有一天三更半夜从家里开摩托车出去玩，在返程时，碰到一个拉着自行车、穿着白色雨衣、戴着草帽的老奶奶，老奶奶的脸庞在摩托车灯光的照射下显得异常苍白。他瞬间被吓坏了，认为自己遇到了鬼，连忙加速赶回家。

“你为什么认为那是鬼啊？”我疑惑地看着他问。

“哪有人会在三更半夜而且下雨的情况下，拉着自行车在马路上走的？”他反问我。

我们几个尴尬地笑了笑，觉得他说的好像有道理，于是不再追问。

我们就这样聊着，气氛从开始的沉闷变得渐渐活跃起来。

谈话临近结束，我们问他是否想读大学，他说想，不过他更想画画，做个画家，最想的是尽快出院。我们鼓励他好好配合医生治疗，按时吃药，待身体恢复好了，就可以出院了。

他“嗯”了一声。

告别思佳，我就他的经历思索着，这类表面看起来捣蛋、不懂事的孩子，内心深处也渴望被呵护、被关爱。或许，他们正是想通过这些调皮捣蛋的行为来引起家人的关注。但是，后来我又有些拿不准，思佳所讲的那些事例，究竟是不是他的幻觉或妄想，尤其是想起他说的邻家弟弟吸毒一事，还有外卖中的“毒品”，以及他总听到有人“骂”他……我总觉得不可思议。我有些遗憾和懊恼，真想再去和思佳聊聊，可是再也没有机会了。我只能希望他好好配合治疗，更希望他以后能乘风破浪，驶向心中的暖湾。

“看见”

五天的见习已落下帷幕，见习期间遇到的形形色色的患者，以及发生在他们身上难以言状的故事，将会永远印在我心里。老师讲过一个“蘑菇的故事”：一位患者，打着一把伞，蹲在墙角，一动不动，不吃不喝，因为他认为自己是蘑菇。有一天，医生也打了一把伞，蹲在他身边，也一动不动。患者忍不住问医生：“你是谁？”医生说：“我也是蘑菇呀。”过了一阵，医生站起来走动，患者问：“你不是蘑菇吗？怎么可以走动？”医生说：“蘑菇当然也可以走动啊。”患者觉得有道理，于是也站起来走动。又过了一阵，医生开始吃东西，患者又问：“你不是蘑菇吗？怎么能吃东西？”医生说：“蘑菇当然可以吃东西啦。”患者想想也对，于是也开始吃东西了。就这样，患者在医生的带领下，逐渐回归了正常的生活。当我们能够“看见”“听见”患者时，他们便会在我们面前打开心门，我们才能走进他们的内心世界，去理解他们的爱与哀愁、焦虑与感伤，才能陪伴和引领他们在迂回中跨越心中的荆棘，突围而出，恢复正常。

愿世界温柔以待

李秋漫　曾玲娟

我知道的，这只是一段属于你自己的故事。你知道的，我们一直都在故事外陪伴着你。愿你不乏翻山越岭的勇气，来迎接全新的自己。

“叮——”随着电梯门缓缓打开，我的心开始微微紧张起来，以往在影视剧中看过的各种精神病医院的画面映入脑海，在思绪飞扬中，双脚已站在了医院的走廊上。静，安静，很安静，那些画面一下子又都从脑海中清空了。

“冬眠少年”

接受了简短的见习安全培训后，我们按照事先分好的小组，走向了医院的各个部门。我们小组来到了睡眠障碍病区。眼前的门诊景象和其他医院的别无两样：保洁阿姨一手提着红色水桶，一手拎着浸了消毒水的拖把，弯着腰，从走廊的一头拖到另一头，空气中弥漫着医院里特有的消毒水味；医生和护士步履匆匆，从一个病房出来直奔下一个病房；患者有三三两两聚在一起讲话的，也有独自坐在长凳上的……在医生办公室等了一会，一位身穿白大褂、个头不是很高的男医生，一手拿病历本一手拿笔，一边低着头看手上的病历本，一边大步朝我们走来："你们好，我是你们的带教医生吴医生，见习时有什么问题可以随时来问我。"语速很快，干脆利落。我们立马挺直腰杆，纷纷回应。

随后吴医生带着我们一同去查房，每间病房里患者的情况和表现并不相同，我努力地回忆《变态心理学》一书中对各种症状的描述，给那些抽象的名词赋予具象。这时，一个蹦蹦跳跳、精气神十足的男孩闯入了我的视野，估摸着他十三四岁，初中生的年龄。他身材瘦长高挑，走过我们身边时很热情地与每一个人打招呼。若不是在这种特殊的场合，我实在很难把他与普通孩子区分开来。查房结束，透过活动大厅的大门，我发现他在里面闲逛，便走了进去。

"嗨！怎么一个人在活动大厅里呀？是想打球吗？"我以为突然地打招呼会吓到他。

"你们是来实习的医生吗？"他没有直接回答我的问题，反而询问了我的身份，这让我意识到刚刚的做法稍有冒昧。我赶紧对我的到来做简单的解释："是的，我们还是在校大学生，来这边见习的。"

他从活动大厅最远的一端一路蹦跳着到我跟前，饶有兴趣地说："见习？什么叫见习？"他用右手的拇指和食指捏了捏下巴，做出一个思考的动作。看着他一副古灵精怪的样子，我俩相视而笑。"就是观察学习。"我又试探地问了一句，"愿意跟我聊聊你的情况吗？"

他双手背过去，在我面前踱了几步，点点头："行！反正现在也没人和我说话，你想了解什么？”他的语气略有几分小大人的味道，我感觉和他之间的距离感在一点点减少。他有很强的分享欲，这对我们的交流来说是个良好开端。

“那先说说你为什么会来这里住院吧。”我开启了话题。

男孩叹了一口气：“睡得太多咯，被老师叫父母送到医院来了。”说完他无奈地耸了耸肩。

因为睡太多被送进精神病专科医院？我忍不住笑了：“睡太多？这是你住院的原因？那我们好多同学经常没课的时候在宿舍里睡觉呢，尤其是冬天，包括我自己，睡得都不想起来。你怎么睡太多就要被送来医院？能和姐姐详细说说吗？”

他打开了话匣子，一下子跟我说了很多。

“我之前成绩可好了，老师说我继续努力，完全可以上市重点高中呢！”他讲这句话的时候，语气里透着满满的骄傲和自豪，我轻轻地点点头。他接着说，“但是吧，几个月前我就开始犯困，而且是很

困很困的那种，我上课几乎都在睡觉。”

“我上学那会班里也经常有同学上课睡觉，你是不是晚上睡不好，白天忍不住在课堂上睡着了？”他停下来的时候，我追问道。

“不是，你知道我最久的一次睡了有多长时间吗？”他似乎对自己的这个毛病并不忌讳，也可能是跟我聊上瘾了，一点儿也不拘谨，反而一脸很得意的样子反问我。

我摇摇头，随便猜了个时间：“十二个小时？”

“哼！”他嘴角一扬，“我可以从晚上七点开始睡，第二天中午一点起来！如果没人叫我的话我还可以继续睡。”

我在内心放了个时钟开始计算，时针走了一圈又一圈，我惊讶地看着他：“你是说，如果不被叫醒你可以一直睡觉？睡多了你不觉得不舒服吗？”

“我不知道，可是我真的很困，我感觉我能一直睡觉，不光是晚上睡，我还经常在课堂上睡着，同学怎么摇也摇不醒我。”上一秒还是十分神气的样子，下一秒他变得有些沮丧，“你能懂那种感受吗？有时候我一睁眼，就看见全班人都在看我睡觉。”然后他还模仿了一下班里同学看他睡觉的样子——同学们围着他，几十双眼睛瞪着他，还不时用手戳戳他的脸颊——我被他夸张的表演逗笑了。

这是我第一次听说因为睡得太多而被送进医院治疗，对男孩我有太多好奇：“那来到医院，医生给你的诊断是什么呢？”

“说我营养不良。”男孩往后一倒，头倚在椅子上，用很舒服的状态继续和我分享，“我的身体自主地进入了休息状态，嗜睡是为了减少自身的消耗。换句话说吧，就跟要冬眠的动物一样。”我觉得男孩的比喻很形象，让人一下子了解了他的状况。

随后男孩又和我聊起了他的学业、梦想、校园生活等，他说话的神态和语气自然大方，有一种超乎同龄人的成熟感。不久就到了午饭时间，我们不得不结束这次聊天。男孩告诉我下午他就要出院了，他对这里很不舍，我望着他清澈的双眼，祝福他今后越来越好。

下午我坐在医院走廊的长椅上，看见对面病房里男孩和他母亲正在收拾行李，准备办理出院手续，回想起上午的聊天，好几个细节又浮现在我的脑海里，他的病情也真是太特别了——因为睡太多而被送进医院。于是我来到吴医生的办公室，想问问男孩的病情。

轻敲两声办公室门后，我走到吴医生的办公桌前。吴医生看着手里的病历本，没有抬头，轻声问道："怎么了？找我想了解什么吗？"

我带着歉意一笑，小声说："我看见302病房那个男孩准备出院了，今早和他聊了蛮久，对他的病情很感兴趣，不知道您有没有空，我想跟您探讨一下。"

吴医生放下手中的病历本，抬头望向走廊的病房，又看了看我，点点头说："可以，他的案例还蛮特别，你听完可能会有别的思考。"听吴医生这样说，我对男孩的病情更好奇了，兴奋地跑出办公室把自己的组员叫过来一起听。

"那男孩是初中生，大概三周前来到我们医院，门诊医生问诊后发现他有睡眠障碍，于是便让他来我们科室。"吴医生背靠椅子，右手拿着一支笔，说话的时候习惯性地敲一敲桌子，一边回忆一边介绍情况。"据他和他家里人说，他一天睡眠时间比普通人多一倍，没人叫醒可以一直睡，叫醒也是一件很困难的事。来医院后我们也观察了他几天，初步诊断为嗜睡症。这属于睡眠障碍中的睡眠失调，它表现为过度睡眠，发生的时间多不合时宜，这种障碍是很具有破坏力的。"

我们听得有些似懂非懂，我更有些不以为然，心想太夸张了吧，不就是感觉睡不醒嘛，能有什么破坏力呢？吴医生并不知道我的腹诽，继续不紧不慢地说："这是一种神经功能性疾病，它能引起不可抑制性睡眠的发生。一些人睡了整整一个晚上，但第二天仍然会有多次睡着的情况。"

“所以他才会不受控地在教室里睡着！”我接上吴医生的话。吴医生用手托着下巴，点点头以示同意，他的眼神扫过我们，突然问道：“那你们知道这其中的患病缘由吗？”我们看了看彼此，又望望吴医生，微微摇头。他笑着说：“那给你们普及一下吧！”

“嗜睡症包括原发性嗜睡症和发作性嗜睡症两种。患者自己抱怨过度嗜睡至少一个月，几乎每天的睡眠时间都延长，或者白天也禁不住想睡觉。而且，这样的情况并不是前一天晚上没睡好或是睡眠不足所造成的，也不是使用药物或身体状况不佳所导致的，这时可以初步断定为原发性嗜睡症。发作性嗜睡症是一种神经方面的疾病，是由于脑干中睡眠觉醒中枢的功能出了问题，而产生过度嗜睡、猝倒、睡眠瘫痪及入眠期幻觉四大主要症状。”吴医生停下来，给了我们一点消化这些内容的时间，然后又继续说，“根据男孩的情况，他把睡眠时间延长，夜里的睡眠质量也正常，可是白天上课的时候还想睡觉，这种情况持续了一个月以上，而且过度嗜睡让他很苦恼，不仅学习成绩下降，也因为上课睡着被全班同学围观而不好意思。他的这种过度睡眠又不是因为睡眠不足、其他疾病或使用其他药物而引起的，所以可以诊断为原发性嗜睡症。大多数原发性嗜睡症患者的症状是持续性的，也有一些人的症状是周期性的，一次发作的时间可以持续几天甚至几周。这种周期性发作的患者在两次发作的间隔时间里，睡眠时间和白天的觉醒度都正常。如果是发作性嗜睡症，患者会在白天的日常活动或不适当的场所睡着，例如在吃饭、开车及工作中突然睡着，这类患者经常会有发生交通意外或工作意外的情况。”

听到这里，我大吃一惊，原来嗜睡症这么可怕，并不是我先前想的那么简单，我忍不住问道：“那到底是什么原因导致了嗜睡呢？”

“嗜睡乏力其实在我们生活中很常见，工作太累、学业太重这些都可能造成我们嗜睡，但是嗜睡症，我们对这种病的性质还知道得不多，现有的研究成果认为这存在多种生理原因。首先，不排除遗传基因的影响，有些嗜睡症患者有家族史。其次，脑内的一种物质——5-羟色胺的过量可能也是潜在的影响因素。另外，还有研究者推测这种障碍跟中枢神经系统的损害有关，一般认为青少年嗜睡可能由下丘脑功能异常引起，也可能与下丘脑发生肿瘤、炎症和外伤等器质性病变有关。”吴医生顿了顿，继续说，“当然，也有部分学者认为情绪或其他心理因素在嗜睡症的发生中起着重要作用。一些患者会将他们在不恰当的时刻入睡的倾向或嗜睡体验与白天特定的不愉快经历联系起来。所以，面对嗜睡这种情况，需要我们去全面分析并找出原因，才能有效缓解相关症状，从而不影响患者的工作及学习。当患者长期仰赖于自身的体力时，一旦体力不足，撑不起好的精神状态，身体的能量快速消减，体力受损严重，自然也会加重嗜睡。你们想想自己身边的人，是不是也有特爱睡觉的呀？得多注意一下啊！”我们都笑了，我脑子里快速闪过自己对身边朋友的印象，搜寻有无类似特征的人。

听到这，我完全能把男孩和我说的话对应上了——身体进入了“冬眠”状态，这是一种自我防御的状态。我想起男孩今天和我说了许多，便迫不及待地把我和男孩的对话内容分享给大家：“他今天和我抱怨学业太重，他的妈妈管他很严。他的梦想是成为一名职业电竞

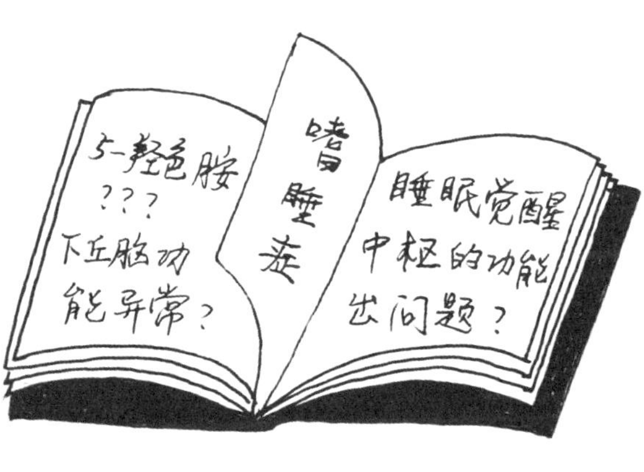

选手，但是妈妈不支持，所以常常和妈妈争吵。”“现在学生的课业压力好像更大了，压力一大就容易焦虑，一焦虑就难入睡，所以他是不是晚上睡不着白天上课才睡呀？”一个组员突然问道。

“你们的解释不无道理。”吴医生回答道，“学业压力在一定程度上是会影响学生的睡眠质量的，你们年轻人还喜欢熬夜，长时间这样会感觉到疲劳乏力、精神萎靡。但这个男孩并不是晚上睡不着才导致白天上课睡觉的，他是晚上睡得好，白天依旧睡。如果是晚上睡不好白天才要睡，这就不是嗜睡症，而是考虑失眠了。”

“除了熬夜、焦虑等原因会导致嗜睡，我观察到一些抑郁症患者也嗜睡，这有关联吗？”一个男生问道。

“会的，这也是一个原因。”吴医生赞同地点了点头，挺了下背部，换个姿势又说道，“抑郁症是我们临床上十分常见的心境障碍，除了表现出心情不佳，抑郁症患者还会出现嗜睡的情况，如今青少年出现抑郁的概率越来越高，你们学心理的对这方面可得好好研究研究啊。”听完吴医生这番话，我们若有所思地点点头。

离开吴医生办公室，我望向 302 病房，男孩和他妈妈已经不在病房了，或许他们此刻正坐在回家的车上……下午和吴医生探讨的男孩的病情，给了我很多启发和思考，尽管像这名男孩这样患上嗜睡症的案例比较少见，但是由于晚间睡眠时间缺乏或者对所学科目不感兴趣，在白天的课堂上昏昏欲睡的孩子并不少见。希望教育工作者和父母们在关注孩子的睡眠问题时，更多地去思考这背后的原因，究竟是生理上的还是心理上的，对症干预，而不是一味地指责孩子。男孩的父母还是非常棒的家长，虽然他们对孩子的电竞梦想持不同意见，但是他们并没有将孩子的课堂睡觉行为简单草率地归因为孩子对学习的逃避，对他横加指责，而是及时带孩子就医问诊，积极进行治疗。这时，我脑海里又浮现出男孩那双清澈的眼睛和他神采飞扬的模样，我心里默默地说了声：少年，祝你越来越好！

浮 萍

早晨，我们跟着儿童青少年病区的主任一同查房。当我们一行人挤进去的时候，原本冷清的病房顿时变得热闹起来。窗边床位上的一个女孩看到我们，放下手中的手机，朝我们露出了一个大大的微笑。看到女孩笑，她身边的一位阿姨——可能是她的母亲，也露出了笑容。女孩衣着简单，身材单薄，蜷着身体躺在病床上显得愈发娇小。我看向她，正好对上了她的目光，她立即娇羞地低下头。我心想这女孩笑起来多好看啊，花一般的女孩怎么就住进了病房呢？我顿时对女孩产生了强烈的好奇心，走向她的床边，半蹲着问她："小妹妹，你等下愿意和姐姐聊聊天吗？"女孩脸上划过一丝兴奋，一边点头一边娇滴滴地回答愿意。

查房结束，我回到女孩的病房，女孩说她想到外面的花园去聊。我们一同往外走，阳光透过树阴照在我们身上，我仰起脸感受这丝丝的暖阳。女孩不经意间嘟囔了一句："我讨厌阳光。"我有些诧异，秋冬的阳光并不猛烈，给人温暖的感觉，一个年龄仅十四岁的女孩竟然讨厌阳光，一点也不像她这年纪该有的。考虑到女孩的情绪，我们快速地走到没有阳光的地方，在一棵大树下坐了下来。从一问一答开始，渐渐地，她很主动地聊了很多。女孩仿佛很久没如此畅快地跟人聊天了。

女孩说："姐姐，我讨厌现在的自己。我在哪里都不受欢迎，学校里没有朋友，同学们都针对我、利用我。"

我疑惑地问："是不是你和同学之间有什么误会呢？他们又是如何针对你的呢？"

似乎是触碰到女孩难过之处，她低下头沉默了。看到她低头不语，我有点担心是自己的问法伤害了她。女孩将一缕头发挽到耳后，说："有一次我脑炎发作，头很疼也很烫，不得已回家看病。回到学校后，我发现她们竟然在我的床位上搭了一个坟墓！"女孩的语气充满着气愤和委屈。我问她是否把同学的行为告诉过老师，她说她不敢也不想，害怕老师会找这些同学问话。"如果她们知道我把这件事告诉了老师，她们一定会更讨厌我！"女孩眼含泪水说道。

我心疼地看着女孩，伸出手想帮她把一缕遮住眼睛的头发撩上去。未等我碰到头发，女孩就下意识地躲闪了一下，侧过头不言。我只能缓缓把手放下。

"姐姐，不好意思，我不习惯别人碰我。"

"没关系，是我未经你的允许，我只是想帮你把头发捋一捋。"

"姐姐，你迷茫吗？我常常找不到自己的价值，我觉得我是一个不重要的人……"

我思考了一下，回答她："迷茫，我觉得这是我们每个人在一些时期里都会经历的吧。为什么你会有这样的感受呢？愿意和我多说一些吗？"

女孩长长地叹了一口气，缓缓说道："我在学校不受欢迎就算了，连在家里也不受欢迎。我有个哥哥，还有弟弟妹妹，我好像是家里可有可无的人。"

"每个人都是家里重要的成员呢，是发生了什么事才会让你觉得自己可有可无呢？"

"我不懂，好像什么也没发生，我从小……从小爸爸妈妈就不关心我，我爸还老骂我，我……我实在不懂自己做错了什么，就连弟弟妹妹犯的错都要我来承担。姐姐，我真的好苦恼啊……"女孩越讲情绪越激动。我赶紧安慰她："你先不要把一切都归咎在自己身上，我相信你的家人是爱你的，可能只是爱的方式有些不对，你先不要否定自己呀！”

“不，不是的。我能感受到，我是个不被爱的孩子。我也努力过，努力表现自己，让他们也注意到我，我会主动做家务、买菜做饭、自觉学习写作业，可是他们觉得这都是我应该做的，就像没看见我的努力一样。”女孩一边说一边双手抱着头摇着。我能强烈感受到眼前的女孩对自己毫无信心，还非常迷茫、纠结、痛苦！“爸爸妈妈老是骂我。”——这是女孩多次提起的一句话，长此以往，她便觉得自己不被这个世界认可，不知道活着的意义。

对话过程中，女孩眼神黯淡，情绪忽高忽低，极力否认身边有对她好的人，对谁都不信任，对话内容一直透露着她对生活的无望和无助。

“我值得被这个世界爱吗？”女孩侧过头，看向草坪上盛开的花，发出这样一句问话。

我本也是低着头，听到这一句话，抬头，顺着女孩的目光看向那朵盛开的花。这朵花并不起眼，甚至看不出是什么品种，却也可以在秋意渐浓的时节开得如此美丽。送女孩回到病房后，我转身去找了她的主治医生黄医生。

小蜗牛，我值得被这个世界爱吗？

“黄医生，我刚刚和女孩聊了很久，听完她的遭遇，我也觉得很心疼。她真是个很懂事的孩子啊，怎么会这样呢？”我向黄医生诉说自己的不解。

黄医生站起身，整理了一下自己的白大褂，邀我一边走一边和我说。

“这个女孩的懂事我们都看在眼里，她呢，是典型的抑郁症表现，对自己充满了自责，常伴有消沉的情绪体验。”

我回想起女孩对我倾诉的，便说：“好像是这样的，她总是和我提起‘我什么也做不了’‘我是个没用的人’‘我不值得被这个世界爱’这几句话。”

“平时接触下来，你会发现她一天多数时间里伴有绝望、孤独感，另外抑郁症患者还有一个表现就是精力下降。”

“是的，她和我说之前还参加了跳舞班，现在对什么也提不起兴趣，没有精力。”我接上黄医生的话。

“那你清楚像她这个年龄段的青少年还有什么心理特征吗？”

我带着不确定的语气回答：“有点不清楚自己的价值？或者说，找不到自己的价值？”

黄医生冲我笑了笑：“可以这样说。‘青少年自我同一性’学到了吗？”

“原来是这个！我们上课的时候老师讲过！”我激动地说，“还是学不扎实啊，黄医生一提我才想起来。”

“我没记错的话，这是你们心理学课程上学的吧，这在我们儿童青少年病区也是有帮助的噢！儿童青少年病区的孩子年龄普遍在九至十八岁，这个阶段的孩子正处于探索自己生命存在价值的阶段。”黄医生耐心地给我普及功课。

我很认真地听黄医生继续讲：“我们这边有几个孩子和那个女孩

很像，既伴有抑郁的情绪体验，也有自我同一性的混乱。你和他们对话，他们会告诉你‘我对生活缺乏目标’‘对自己的未来和前途表示怀疑’，等等，他们对自己、他人和世界抱有一种偏见，难以改变，较为固执。他们多处于一种被动的状态，没有正面的兴趣爱好，对任何事情缺乏热情。”

“那我们对他们应该采取什么样的治疗呢？”我问。

黄医生给我解释：“针对抑郁症患者我们会每天进行药物的配合治疗，像确立自我同一性可能得从多方面入手了，家庭、学校和社会环境都会影响一个孩子的同一性形成。”

“具体来说，学校和家庭是怎样影响这些孩子确立自我同一性的呢？”我继续跟黄医生探讨。

黄医生说：“在我看来，家庭方面主要从家庭环境、亲子关系和父母对孩子的期望这三个层面影响孩子的自我同一性形成。”

“如果父母期望过高，会给孩子带来心理上的压力，容易让孩子丧失自尊，刚刚那个女孩会不会家庭就存在这样的问题，父母其实看到了孩子的努力，但是对孩子有更高的要求，所以没有对孩子及时夸赞，长期这样就造成了孩子对自己的不自信。”我紧接黄医生的话。

“你的猜想可能是对的，还得多去和女孩的父母交谈才行。”黄医生侧头看了看我，认真地点了点头，似乎认可我的观点，然后继续说，“学校教育也尤为重要，学校是青少年人际交往最主要的场所。自我同一性确立还需要一种归属感，归属感从哪来？从集体、同伴之间来。青少年在这一时期普遍迷茫，他们对自己的看法多来自外界，尤其是身边的人。就像刚刚那个女孩，她觉得自己不受欢迎，没有价值，是因为在学校接收了太多对她的负面评价。说了那么多，你应该有了更多感悟吧！”我和黄医生都停了下来，她笑着对我说。

不知不觉我和黄医生走到了儿童青少年病区前面的小池塘边，池塘水面上漂浮着一抹绿色，我仔细一看，那是一片小小的浮萍，我又想起了女孩和我说的种种。脑海里飞速闪过我在《变态心理学》一书中看到的一句话——抑郁更像是一种呼救，但是又很少起到作用。女孩就像这池塘里的浮萍，却有一颗拼命挣扎的心。疾病是我们身体发出的求救信号，而哭泣、割腕、自伤等都是不知所措的孩子发出的求救信号，只是很多人会忽略这些信号，甚至会讨厌这些信号。青少年内心多变，语言表达能力又有限，当他们发出了抑郁、焦虑、紧张的情绪信号，却被周围的人无视或拒绝时，只好变本加厉，攻击他人或攻击自己，校园欺凌就是攻击他人的表现，而抑郁症是攻击自己的一种表现。接收信号、解读信号并帮助他们，这些是我们应当为这些青少年做的。

一半是海水，一半是火焰

见习期间，我还有幸旁听了医生的问诊。

在森田病区的走廊上，我们遇到了女孩静静，她的外表很吸人眼球，穿着时尚，脸上化着淡淡的妆容。等上一位患者离开，静静从走廊进入诊室，一声不吭地走到医生旁边坐下。她低着头默不作声，没有目的地划着手机屏幕，眼神呆滞地看着手机，全身上下都透着一股疲倦之意，直到医生询问时她才放下手机，抬起头来。我这才看清了女孩的脸，一双水汪汪的大眼睛，浓翘的睫毛像一幅帘子。她坐在椅子上，两手紧扣，脚也紧紧并拢，语速缓慢且断断续续。显然，在一个陌生的环境里，静静很紧张。医生用温柔的语气打破了这沉默的氛围：“你就是静静，是第一次来到我们医院吧？你有什么想和我说的，我都很愿意听。”静静又低下头，许久才缓缓开口：“近一年来我的心情都很差，对什么事情都提不起兴趣，高兴不起来，还时常感到很难过很难过，但是……又说不上缘由。之前去过一次医院，确诊为抑郁症，开了药。可是，最近又莫名其妙地悲伤起来，吃了药也不见好转……”

医生一边听静静描述近段时间的感受，一边用笔飞快地在册子上记录着，待静静再次沉默，医生才细细问道：“当你心情很差的时候有过什么偏激的行为吗？有过伤害自己的念头吗？”语气里满是关爱。

“曾经用刀片划过自己，被妈妈发现了，及时制止了我……”静静小声说。我从医生办公室向走廊看去，有个年纪五十岁上下的妇女，背着一个不小的双肩包，一边的肩上还挂着一个行李袋，她两只手交叉垂在腹部，一直在踱步没有停过，时不时伸长脖子往医生办公室里面张望。我猜想那应该是静静的母亲，只是她怎么不直接站在医生办公室门前，而是站到了走廊的尽头？

“那时候你有什么感觉？”医生又继续问。

“我不清楚，我很烦，觉得什么事情都压着我，喘不上气来，觉

得用刀片划过的感觉很刺激。”静静的语气开始有点激动起来。

医生说：“你这样做了后，感觉自己舒服些了吗？”

静静没有说话，空气中凝结着一丝让人紧张的寂静。过了一阵子，她叹了一口气，动了动身子，似乎想换一个舒服的坐姿，接着皱了一下眉头，小声说了一句：“有段时间我觉得自己很厉害，什么事情都能完成。”她再次抬起头来，无神的眼睛里闪过一丝兴奋，“医生你能懂吗？那种……那种感觉……怎么形容呢？我觉得我变强了！我，我觉得我是个要做大事的人！”回忆这段经历，静静一改刚刚的沉默，叙述变得流利起来，甚至有点快。我们必须非常认真才能听清她的表达。

“那你再仔细和我说说你兴奋的感受，为什么突然觉得自己变强大了呢？”医生停下一直在记录的笔，看着静静，柔声说道。

“我突然就觉得我体内有一股使不完的力量，驱使我去干很多事。”她用手指抵住自己的下巴，眼睛稍稍向右上方望去，似乎在努力回忆着什么，“那几天我去给我的同学做美甲，她们夸我做得比外面的美甲店还要好，我觉得以我的能力完全能去开一家属于自己的美甲店！我都做好了计划，我要去找人融资！我，我要在两年内开很多家属于自己的店……”静静兴奋地说着。

她的一席话却把我们几个见习生都听懵了，我们看看彼此，眼神里都透着疑惑。“做个美甲就想开店了？”一个同学悄悄在我耳边问道。我耸耸肩，示意她继续听静静说话。

“那种感觉是前所未有的！我很兴奋，那几天我觉得时间不够用，我要去做好多好多的事，只要我多做一些事我离成功就会越来越近！”静静这时说话加上了一点肢体动作，她的手在空中肆意地挥舞着，仿佛在给我们展现她所构造的“成功”。

医生平静地听着，并无任何惊讶的表情，也许他对这类场景已经司空见惯了，他又问道："这种兴奋的感觉持续时间有多久呢？那几天是不是与以往的抑郁难过情绪不同？"

静静点了点头，再次长叹一口气，语气里又充满了沮丧："不久我又意识到自己什么都完成不了，我是个没用的人，我做什么都不行。"话音落下，静静突然捂住自己的脸，低下头抽泣。

在一旁的我顿时手足无措，静静的情绪转换太快，让人一时反应不过来。医生及时递上一张抽纸："现在为什么突然哭了呢？是想到了什么不愉快的事吗？"

静静抽噎着："我经常莫名其妙地就哭泣起来，有时也不知道为什么，就是内心好难过，只有哭泣才好受一点。"

"静静，我听你说了自己的种种感受，现在初步判断你有双相障碍的倾向，过后我们还会有几次问诊，到时候你还可以细细和我说你的情况。"看静静的情绪一直不稳定，医生决定先安排静静入住森田病区。

静静从椅子上站起来走向门口，随后走出办公室，径直往走廊尽头走去，脚步拖沓，并没有年轻人的活力。看到静静出来，走廊上的那位妇女迎上前去，我没猜错，那是静静的母亲。静静母亲提了提肩上的包，伸出一只手搭在静静的肩上，说着她们的家乡话，大概是问刚刚问诊的情况。静静没有回答她，又拿出手机，然后坐在走廊的木椅上。妇女先是在静静面前走了几步，见静静一直低头看手机没有理会她，就把身上的行李放到静静脚边，往办公室走来。

"医生你好，我是刚刚那个女孩的妈妈，我问她病情，她什么也不说，所以来问问你，她怎么样啊？"静静母亲满是担心。

"您先进来，我和静静也只是简单地聊了一下，我们这边现在初步判断她是患双相障碍。"医生耐心地说。

"双相障碍？不是说她患的是抑郁症吗？"静静母亲显然并不清楚

双相障碍的含义，似乎更焦急了。

“双相障碍，用通俗的话来说，它是一种躁狂和抑郁交替发作的情感性精神疾病。抑郁发作时患者表现出情绪低落，兴趣消退，自己贬低自己等，但躁狂发作时又表现出情绪高涨，想象丰富，行为冲动。”医生没有使用过多的专业术语，尽可能用一些通俗的话语给静静母亲解释。

静静母亲再次攥紧双手，一脸担忧地问道：“躁狂发作？我怎么觉得她一直都是闷闷不乐啊，她什么也不和我们说。”

“您回忆一下她近几个月来有没有什么异于平常的表现？”医生提醒她。

静静母亲低下头，又望了望我们，想了一下，突然说：“好像是有的！有段时间她突然变得很兴奋，然后把自己锁在房间里好像忙忙碌碌。我们问她在做什么，她具体也说不出来，但那时候她的精力好像不错，我们认为她从抑郁中走出来了，还很高兴，也就不去打扰她了。”静静母亲顿了顿，继续说，“现在你这一提醒，仔细回想起来她那段时间还真是太反常了！”

“刚刚静静也和我回忆了一下，根据她所说的，我初步认为她已经不仅仅是患抑郁症了，可能是患双相障碍。现在安排她住院，我们再多观察观察，以便进一步诊断。您这边做好陪护，多在她身边陪陪她。”医生安慰静静母亲。

静静母亲不说话，深深地叹了一口气：“我陪她，她肯定嫌我烦，嫌我唠叨。她什么也不和我们说，现在我真的不知道怎么办了。”她的话语里充满了无助和委屈。不一会儿又问，“医生，那后续该怎么治疗啊？她这个病好治吗？用药跟之前一样吗？”

静静母亲的连续发问让我们感受到了她的焦急和无助。医生微微一笑，像是想传递一种力量，用平和的语气回答这位母亲：“您做家长的心情我们能理解，这不是普通感冒，她这个是心灵上的感冒，比其他疾病要多费些时间。我们会根据她的状态制订治疗方案，以前的用药也会做相应调整，具体如何治疗还得根据后面的情况再定。您先带她办理入院手续吧。”

静静母亲的嘴巴张了又关，最后说了一声谢谢医生，转身离开了办公室，脚步沉重。我猜想这位母亲内心还有很多疑惑和担心想询问，但是看到医生办公室还有其他人，只好先离开了。

我了解到静静与我们同龄，也是某大学的一名大二学生，但因为现在这个状态不适合回校，于是休学来到医院治疗。回到学校，我又取出了《变态心理学》，翻到了双相障碍的部分。“双相障碍易于复发，不易康复，每次症状都持续几天至几个月。双相障碍的平均发作年龄是 18 ～ 22 岁，也有可能在童年发生。”回想起医生和静静的对话，我觉得有些恍惚。我闭上眼，仿佛看见了一座火山，整座山冒着腾腾热气，一股股热流从山顶冲出流向山底，而火山下面却是一汪海水，海平面上并没有汹涌的波浪，但下面或许暗流涌动。这就是我对双相障碍的一种理解吧。患有双相障碍的患者像乘着一辆过山车，从

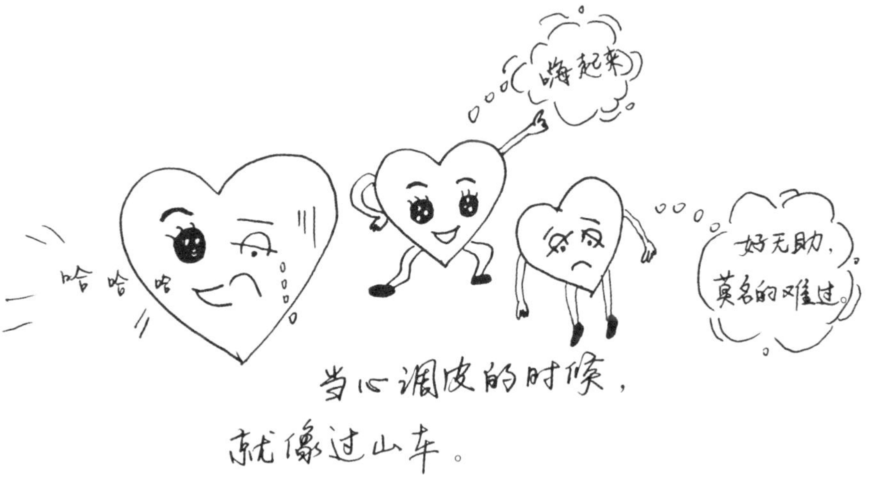

极热的火山之巅骤降到暗流汹涌的海底，绝望而不知所措。更可怕的是，这种发作一般没有规律可循，而且每次发作都是对患者精力的一种巨大消耗。在患病的前十年间，发作的频率以及疾病的严重程度都趋于更加恶劣。

轻轻合上书本，我的思绪却没法停下来。人们相互祝福，总说“祝你身体健康”，每逢新年新事，总道“只求健健康康”。如今，多少人视“健康”二字比金贵，但是大部分人仍然只关注到了生理方面的健康，对心理上的健康重视程度还远远不够，很多人对心理健康的关注只停留在嘴上，很少落实到行动中。我们不仅要有强健的筋骨，还要有健康的心态。尽管每个人都是独立的个体，但谁也不能脱离社会而独自生活。

见习的这几天，我接触到了各个年龄段的患者，对他们的了解深浅不一。我所学甚少，还不能给他们更多实质性的帮助，希望他们心灵只是暂时患病，在不久的将来他们都能重新回到正常的人生轨道上。有些东西，失去的人总是比拥有的人更清楚它们的价值和存在。这些天和患者们近距离地接触和交流，让我了解了生命中真正重要的东西。

这世界依旧很广阔，依旧很美。这一周的所见所闻所学，都将是我弥足珍贵的记忆和财富。愿每一个人都被世界温柔以待！

恒温36 ℃的家

马辛　曾玲娟

一次偶然的接触与交谈，让我对他们有了些许了解。原来，幸福的人一生被童年治愈，而不幸福的人真的在用一生治愈童年。

家，是避风港；家，是心灵安放的地方。温馨的家庭是人们心之所求，夫妻恩爱，母子情深，父子情重，尊老爱幼，关爱备至，则工作顺心，生活幸福，精神愉快。倘若家庭不幸，遭受最大痛苦的并不是父母，而是弱小无助的孩子！那些无辜的孩子，将可能带着深深的创伤走在他漫长的人生路上……缺少家庭关爱的人，就像一朵飘浮不定的云，没有归属感。

“委屈女孩”

儿童青少年病区的患者都是儿童和青少年。踏入病区的那一刻，我就感觉到不一样，这里给人一种活泼且温暖的感觉。病区中央摆设了许多绿植，还建有假山和小桥，绿水环绕其中；墙壁上贴满了各种类型、各具形态的卡通图像，每间病房都被装饰得温馨可爱；往深处走，还可以看到摆放着的几张乒乓球桌，旁边还挂着羽毛球网。在这样轻松、美好的环境里，我邂逅了“委屈女孩”。

早晨阳光明媚，大家都走出病房沐浴在阳光下，有孩子在相互吆喝着准备拔河比赛，整个病区开始热闹起来。我们顺着走廊打量病房的情况，发现病房没人，孩子们都跑出去了。就在这时，我突然看见了她，一个人静静地待着，被落寞包围着。我们小组停顿了一下，相互看了看，走了过去。她缓缓地转过头，对我们微微一笑。她看上去是那样恬静，似乎跟“患者”二字毫无联系，也正因如此，我们对发生在她身上的故事更好奇了。我们试探地询问她是否愿意聊一聊，她点了点头，并示意我们坐下。

有了前几天见习的经验，我们先问了她一些有关姓名、年龄的基本问题，就像伙伴间的聊天一样，她对我们有问必答，让我们更加觉得她不像是有心理疾病。然而，在接下来的聊天中，我们才发现看上去安安静静的她，却经历过许多悲伤的事。

“小妹妹，你是因为什么来到这里的呢？”我看着她，有些好奇地问。

“青春期伴随着严重的抑郁和焦虑障碍。”她一脸平静地说着。

“具体是怎么回事呀？”我们关心地问。

“大概小学六年级时，爸爸妈妈就开始吵架，搞不清是什么原因，反正越吵越凶，每隔几天就要吵。每次他们吵架，我就感到特别焦虑。”

“为什么呀？”

“因为我不知道要怎么做，爸爸妈妈才不吵架，在那之前他们一直都是好好的，我希望他们未来也是好好的。但是我真的不知道该怎么做，我只能在一旁着急。我曾经在他们吵架时告诉他们，如果再吵，我就要报警，可是依旧没有什么用处。”她眼神中充满了无奈。

“那，爸爸妈妈是当着你的面吵架的，还是你无意中撞见的呢？”

“我看到了很多次。”

女孩表情淡漠，语气平静，仿佛在讲述跟自己毫不相关的事情。我听着她的声音，一幅画面在脑海中呈现出来：一个小女孩正坐在书桌前安静地写作业，突然，客厅里传来了争吵声，声音越来越大，紧接着在咆哮声中夹杂着玻璃破碎、重物落地的声音……小女孩像是听不见这些声音，依然安静地在作业本上写写画画着。仔细一看，作业本上多了几滴泪珠，晕染了纸上的字，握笔的手在微微颤抖。那些刺耳的声音渐渐平息下来，小女孩走出房门，客厅里一片狼藉，她默默地看着这一切，满眼的委屈和不知所措。虽然父母的争吵似乎与她无关，但她还是忍不住猜测，当然她更害怕有一天爸爸妈妈分开了，到那个时候自己该怎么办。每每想到这里，她就不敢继续往下想，在爸爸妈妈面前更加小心翼翼。而这样的情形，发生得越来越频繁。想到这，我不禁有些心疼，或许是承受了太多不该承受的压力，但又无能为力，眼前的女孩才显得有些麻木吧。

我们继续问她：“在家里担心父母争吵，在学校有什么开心的事情缓解一下情绪吗？”

她望向窗外，轻声说道：“我上初中之后，总感觉有人在背后议论我。开始我也怀疑是不是自己太敏感了，我并没有做错什么事，为什么要议论我？但是后来，我才知道不是自己敏感，而是真的有人在背后议论我，班上越来越多的同学排挤我、孤立我。”

“你是怎么知道自己被排挤、孤立的呢？”

“就很突然，之前还和我一起玩的人突然就不跟我玩了，之前还会说上一两句话的同学突然也不理我了，同学们越来越疏远我。”

“那你在经历这些事情之后，向别人求助过吗？”

“我有个很好的朋友，她知道我的事情，一直陪着我，跟她聊过后，心情会好一些。但是后来她要准备参加中考了，我不想影响她。至于爸爸妈妈，我也告诉过他们这些事，但是他们认为这只是小孩子之间的吵闹，只叫我离同学们远一点。再后来爸爸妈妈都变得不耐烦了，我也不再说了。”

“那后来你心情不好的时候，都做些什么呢？”

沉默了一会，女孩重重地叹了口气，缓缓地说道：“写日记。我写过一段时间的日记，但写日记没有很好地解决我的问题。我觉得自己挺委屈的，很想找人说一说，找朋友吧，会给她造成烦恼和负担，别的人又不愿搭理我，我只好憋在心里，自己慢慢消化。”

我们感受到她的消沉，等了一会儿才继续问她：“经历了这么多，你现在觉得怎么样？”

“我觉得自己比很多跟我一样大的孩子早熟吧。我会看别人的脸色，会考虑别人的情绪，也特别会照顾别人。而且我会比其他同龄人更理性一些，也敏感许多。”她耸了耸肩。

“你是请假来看病的吗？”

她摇摇头，说：“我现在休学。在家里，爸妈吵，在学校，同学嫌。每天都没有什么开心的事情，心情越来越差。脑子里面就好像有两个小人在争吵，一个叫我不要在意这些，一个又叫我想办法改善爸妈的关系和自己与同学的关系，其实我还是想交朋友的，但是在班上，我又交不到朋友，干脆就独来独往了。”

“班上的同学那样对你，你讨厌他们吗？”

“我讨厌的只是班上的几个同学，并不是全班所有人。”

“那你有没有想过转学，到一个没人认识你的学校，开始新的生活？”

“没有想过，我现在休学，原来的同学现在是初三，等我回校后他们都毕业了。以后我的同学都是从初二升上来的学弟学妹，他们几乎都不认识我，这对我来说也是一种新的环境，所以没必要转学，而且爸妈也不会给我转学的，他们觉得他们吵得那么厉害都没离婚，我和同学之间的关系也没啥。”她说完，对着我们无所谓地笑了一下。

看着她寂然的面容下藏着的疲倦，我们都有些叹息。原来，有些孩子在家人的关爱下快乐成长，有些孩子只能独自疗伤，本该是活蹦乱跳的年纪，却因为经历了许多伤心难过的事情，无处倾诉，只能逐渐将自己封闭起来。家人、同学，本该是女孩坚强的后盾与力量来源，却变成了一把把利刃刺过来……

看着她静静地坐在床上，我的脑海里闪现出爱德华·罗伯特·休斯所画的女孩，唯美中带着一丝恬静，让人在无限的遐想中升起美好的期盼。周遭的一切仿佛与她无关，但在平静的面具下，却藏着一颗千疮百孔的心。父母给予了孩子生命，却没有为孩子幼小脆弱的心灵撑起一把保护伞，筑造一个可以停靠的港湾。同样，校园环境也不可忽视，孩子成长道路上离不开学校的影响，学校除了给孩子提供学习的机会，更要给孩子创造美好、健康的成长环境，这种环境不仅是物理环境，还包括心理环境。进入青春期的少年，对友伴的需求和儿童期相比已有了很大的不同，少年更希望从同学、朋友身上获得情感的共鸣与支持，如果这一阶段没有友伴，他们很容易出现心理问题，有些少年甚至为了获得友伴而不慎误入歧途。青春期是精神疾病高发的高发的敏感期，可是一些家长和老师认识不到这一点，觉得孩子只是孤僻一点，只要还能继续上学、学习，也没什么值得大惊小怪的。

我不能为“委屈女孩”做些什么，祈望她能够在心理医生的帮助下，在未来的生活中找回真正的自己，不再被焦虑与抑郁所束缚，朝着美好的生活努力前进。

“理性小哥”

见习的最后一站，我们来到了精神科的封闭式病房。一进门，我就发现这里与别的病区有所不同。这里的门都是上锁的铁门，所有人进出都由专门的护士检视询问后才决定是否放行，每一次进出完毕，又立马上锁，整个流程非常严格。正对着铁门的就是护士站，护士们大部分时间都在这里工作。以护士站为中心，左右两边又各自有一道铁门，右边是患者的休息区域，左边是活动区域。封闭式病房有固定的作息时间，患者起床之后，会在铁门旁等待活动区域的开放。活动大厅里摆放着许多排座位，正前方有一台电视机，大家可以观看电视节目；后面有一张乒乓球桌，患者可以打打乒乓球。下午四点半左右，还有“下午茶”时间，医护人员会给每位患者分发零食、牛奶或者水果。每个人都在窗口前有秩序地排队，领取分发的食物，有些人还会与其他同伴分享或者交换，他们看上去都如此满足和快乐。

我们的带教医生刘医生，一个年轻、充满活力的大姐姐，一双明亮的眼睛格外吸引人，仿佛能够看透人心。

进入病房之后，刘医生招呼着一名患者过来，我们抬头一看，是一个高高的、有些壮实的戴着眼镜的男生。她问男生：“这几位是见习生，想和你聊聊，你愿意吗？”男生点了点头，爽朗地说：“可以啊！”

我们看他年纪与我们相仿，就问他现在多大了。他大大方方地笑着说：“我啊，今年二十岁了，住院之前读大二。”我们问他为什么没有继续上学，而是来到了医院。

他还是大方地说：“因为我有精神分裂症，学校怕我会伤害到同学，要我来这里治疗。”我们都不禁有些惊讶，他看上去落落大方、思路清晰，并不是我们所想象的精神分裂症患者的样子，如果不是我们穿着白大褂，这种场景和在大学里几个刚刚见面的朋友相互打招呼交流没有任何区别。回想起老师在变态心理学课堂上讲的内容：精神分裂症是一种发病率、患病率、致残率都很高的疾病，一般发生在青壮年身上，目前对其病因的认识并不是很明确，但个体心理的易感素质和外部社会环境的不良因素对疾病的发生发展都有一定的促进作用。精神分裂症主要症状特征包括思维障碍、知觉障碍、情感平淡、紧张症和自知力障碍，常见的表现有妄想、幻觉、言语紊乱等。他身上有这些吗？我们都有些疑惑。接下来他所讲的故事，又是一个关于家庭与疾病的故事。

“那你是怎么出现精神分裂的？”我们实在很好奇，直接问了出来。

他想了想，说：“其实这是我第二次入院了，第一次是因为我妈一直虐待我。我上高中时，父母处于分居状态，爸爸当时忙于工作，所以我跟着妈妈生活。妈妈对我特别严厉，稍微有做得不对的地方，她就会打我，有时候还不让我吃饭，罚我面壁思过。我不敢告诉爸爸，因为那样的话受到的处罚会更严重。”

“后来呢？”

“因为长期受到妈妈的打骂，我特别想反抗，看到餐桌上的碗筷就想全部摔到地板上，想把家里的一切都砸了。有时候走在路上，看到有女生盯着我，就会觉得她和妈妈特别像，尤其是她的眼神，特别像妈妈指责我的神态，让我特别恼火。之后爸爸发觉我有些不对劲，又发现妈妈趁他不在家的时候经常打骂我，他便制止了妈妈的行为。”

“那你是因为什么事情被送进医院的呢？”

“高中那会，周末我也选择在学校待着，不想回家见我妈，怕她又打我骂我。可是有一天她突然说要见我，约我在学校附近的肯德基餐厅见面。因为妈妈的虐待，我和她之间的关系一直很僵，我不清楚那天她为什么要来找我，想起她之前那样对待我，我就特别愤怒，也很害怕，于是去见她的时候在书包里藏了一把刀，结果被妈妈无意中发现了。她很恐慌，把这件事情告诉了爸爸，结果我就被送到了医院。”

男生此刻说得平淡如水，仿佛在讲别人的故事。我却听得有些惊悚，只是没有表现出来。

“你现在再回想这件事情，感受是怎样的？”

“我当时的确特别愤怒，但再回想的话，就觉得自己太冲动了，我现在很清楚地知道自己当时的行为是非常错误的，那样做会伤害到别人，也会伤害到自己。”他低下头，像个做错事的孩子。

“那不是你的错，你那时候是生病了。第一次出院后你和妈妈的关系有缓和吗？”我们问道。

男生好像刻意绕开与妈妈有关的话题，支支吾吾地说：“我觉得现在最重要的事情是治好我的病，其实我也没有想好用什么方法去缓和跟她的关系，只是觉得我应该先治好我的病，不给别人造成伤害才是最重要的。”

随后他低着头沉默不语，看得出他不想再继续这个话题。同组的女生转移了话题，问他：“那你这一次又是因为什么住院的呢？”

“第一次出院后，我便和爸爸一起住，他害怕妈妈继续虐待我，引起我病情复发，所以换他来照顾我。刚开始一切都挺好的，后来我上了大学，大概从大二开始，我的情绪又波动很大，感觉控制不了自己，常常和爸爸因为一些琐碎的事情吵得不可开交，次数也越来越多。”男生顿了顿，抬头看向我们，仿佛在寻求我们的理解，“你们懂吗？我爸可能是怕我再出事，总是用平淡的口气提醒我，虽然他每次好像只说几句，但给我的感觉是他在挑剌，或者在指责我，于是我就会和他吵起来。之后这样的情况出现得越来越频繁，爸爸怀疑我疾病复发了，就再次把我送进了医院。但结果并不完全是，而是躁狂发作了。”

“你自己感觉特别容易发怒、情绪波动大，对吗？”

“对，大部分情况都是易怒，特别容易被激怒，而且是无缘无故的。有时候爸爸只是很平淡地跟我说几句话，我都会发怒。有时候还会很亢奋，有一次我好多天都没睡觉，但精神依旧特别好。”

“两次住院，你觉得有什么不一样吗？”

“没有什么不一样的。说起来，之前有段时间我认为自己可以出院了，与周围的人相比，我觉得自己已经达到出院的标准了。我跟医生说了想法，但是医生没同意。”

“医生那时候为什么不同意你出院，你知道吗？”

“我给医生写信了。”他笑着说，“在医生表示不同意后，我就很疑惑，为什么啊？难道我还没完全好吗？可是我觉得我挺好的啊。于是我就写信给医生，询问他为什么。”

“那医生怎么回复你的呢？”

“他收到了我的信，特意找我谈话，说我还不能很好地控制自己的情绪，还需要治疗一段时间，叫我安心接受治疗。从那一刻起我就明确知道自己最重要的任务就是治好病，只有治好了，自己才不会受到伤害，别人也不会因为我而受到伤害，所以我会积极地配合和接受治疗。”看着男生此时的阳光状态，我们都赞同地点点头。

“那你想过出院之后做些什么吗？”

“我想继续完成我的学业，入院前我把专业课的课本带来了，时不时会看一下。在这里也有其他书，我也会拿来翻一下。”他的目光里充满着对未来的期待。

恰好到了下午茶时间，男生和大家一起排队去领取零食。领完之后，旁边有个男孩想用橘子交换他的饼干，他想都没想就递了出去。等他坐好了，我对他说：“感觉你对身边的人很好呀。”

他不好意思地挠了挠头，说：“其实没什么，因为我知道自己和他们是一样的人，可能他们的状况会比我严重些，有时候他们插队，我会谦让，我也会尝试去理解他们，对他们宽容些，所以我才能够和他们友好相处。”

过了一会，到洗漱时间了，他站起来，礼貌地跟我们说了一声“再见”。看着他离去的背影，我默默地祝愿他能尽快回归生活的正常轨道，也衷心希望他的未来之路不再坎坷。

和这位“理性小哥”的谈话结束后，我们迫不及待地找到刘医生，道出了心中的疑惑：“他看上去如此正常，感觉比我们都明事理、体贴人，懂事得让人心疼，为什么他还在封闭式病房待着不能出院呢？”刘医生笑了：“你们看他现在的状态很不错吧，我们准备安排他出院了呢，目前正在进行出院前的评估。”“他说他第一次住院被诊断为精神分裂症，这次是躁狂发作，那精神分裂症和躁狂发作到底有什么不同呀？我们在学变态心理学的时候，看书听课好像能够区分，这几天见习也都见过这两类患者，却搞不清这两种病的区别了。而且，这个患者刚好同时患有这两种病症。”我确实对这个问题有些抓狂，索性一起问了。刘医生想了想，说道：“躁狂和抑郁都属于心境障碍，其实无论是处于躁狂状态还是处于抑郁状态的患者，都可能伴有精神分裂症的症状。多数情况下，精神病性症状如幻觉、妄想等，是在情感高涨或抑制的背景下产生的，一般与患者的心境相协调，比如说躁狂患者出现夸大妄想，但有时也会出现一些与当前心境不协调的短暂的幻觉、妄想症状。经过治疗，精神病性症状常常在情感症状得到控制之前消失。在进行诊断时就要结合既往发作病史、病程、症状持续的时间以及疾病的转归等因素来作出判断。”“他说他第一次住院前，看到一些女生的眼神就觉得和他妈妈一样，就特别恼火，这种是关系妄想吗？”“精神分裂症患者会把周围事实上与他无关的事情都当成与他有关，这个男生的这种症状确实有很大可能是关系妄想。此外，在临床上常见的妄想还有被害妄想、影响妄想、非血统妄想等，妄想是精神分裂症患者最常见的症状之一。但是话讲回来，对于妄想，医生最大的困惑在于，有时妄想和现实的想法并不那么容易区分。”我们似懂非懂，刘医生笑了，继续说，“不用着急，诊断不是你们关注的重点，你们最主要的任务是要识别出是否有异常，特别是能识别出精神病性症状，这需要多接触临床案例，这些经验都会有助于你们去识别患者是否异常。毕竟，治疗不是你们的工作，你们能够识别出来，转介到我们这里，进一步的诊断和治疗交给我们心理医生和精神科医生来做就是了。”我也忍不住笑了，想起老师在课堂上也说过类似的话，但由于这几天接触了许多患者，这让我产生了一种强烈的想要去帮助他们的念头。我不好意思地朝刘医生点点头：“记住了，我们以后顶多就是做心理咨询，要小心不能‘越轨’。”

“刘医生，刚刚那个男生说他的精神分裂症主要是由母亲虐待而导致的，您觉得他的这个说法合适吗？”一个组员问道。

“精神分裂症可以见于各种社会文化和各个社会阶层中。家是一把双刃剑，既可保护人又可伤害人，家庭不仅给精神分裂症患者提供了生物学遗传基础的可能性，研究还发现，精神分裂症患者的家庭存在着一些不利于患者的文化特点。比如交流上的偏差，患者家庭成员之间的交流是片段的、散漫的，或者在交谈中不能保持主题，思维混乱。患者幼年在这种不确定、不协调的环境中成长，为将来的精神分裂性交往障碍埋下隐患等。另外，患者家属的情感表达也被认为会影响疾病的预后和复发。当患者家属属于高情感表达者时，精神分裂症患者的疾病复发率也较高。”

“什么叫高情感表达？”我们问。

“高情感表达是指批评性评论、敌对及过分的情感卷入。精神分裂症患者虽然存在各种精神症状，但并不是所有心理功能都已经丧失，在不涉及精神症状的那些方面他们可以保持正常人的心理功能。可是，由于他们的精神症状对他们自己和家庭都造成了影响，家庭成员就可能过度担心、过度关注他们的言行举止。也就是说，患者不正常的行为可能会让家属出现不合理的应对，导致高情感表达，高情感表达又反过来加剧了患者不正常的行为和症状，这样复发的可能性就加大。打个比方说，你下楼梯时摔过一跤，把腿摔折了，尽管你后来康复了，但家人一看你走路，就总是提醒你当心脚下，你就更有可能会再次摔跤。”

我猛然想起了“理性小哥”讲到他第二次发病前，父亲总指责他的一些行为，于是说：“对了，他说后来他爸爸总是指责他的一些行为，让他感觉爸爸总是在挑他的刺，所以经常跟爸爸争吵，情绪易激动，是不是就是这个原因？这类似于家里人总在提醒他‘你不行’‘你有病’，是一种消极的心理暗示。”

刘医生点点头：“可以这么理解。”

如今精神病患者犯罪的新闻屡次成为社会热点，加剧了人们对精神疾病的消极和否定态度，殊不知，患者的内心也深受煎熬。有些精神疾病需要长期的维持性治疗，而有些精神病患者在痊愈出院后，面对多种不稳定的诱发因素有可能引起病情的复发。内心的煎熬与不安，外界的不包容、不理解，使他们身陷水深火热之中，病情的折磨在身心四处蔓延。精神康复工作需要患者家庭和周围人的配合和帮助，还需要政府部门的大力支持和重视。患者所处的环境对其病程、治疗有很大的影响，其中家庭的作用尤为明显。家庭干预的目的在于提高患者对治疗的依从性和减少应激的影响。

家乃此心安处

这两个故事中的主人公都是在家里受到了心灵创伤而引发精神疾病。家，本来是孩子的避风港，是孩子停靠的地方，然而……组成家的最重要元素是情，是我们用心去经营的情，因为情，所以牵挂；因为情，所以眷念；因为有情，所以家才会让我们感到温暖放松。让孩子感受到家庭是世界上最幸福的地方，这是家长应当做的。这种美妙的家庭情感，在我看来，比大人送给孩子的那些最精致的礼物还要珍贵。对于受过伤的人，家人不必刻意谨慎，更不能嘲讽排斥，把家的温度维持在 36 ℃的恒温状态吧，恰到好处的关注，恰到好处的舒适，此心安处是我家。

见习五日谈

黄泳铭　曾玲娟

我与患者面对面交流，倾听他们的心声，了解他们的故事。透过他们那看似荒谬的言行，我看到，他们跟我们一样，都有着一个完整的、渴望爱的灵魂。

我是一名应用心理学专业的本科生，在接下来的五天时间里，我将以见习生的身份在某精神病专科医院和那里的医生、护士及患者一起度过。精神病专科医院，也就是俗称的精神病院。说到精神病院，我想很多人的印象还是“疯子和变态”，其实我也不例外——直到见习开始的那一刻。

“怕鬼”的洛丽塔女孩

见习的第一天，到达医院后，唐医生热情地接待了我们。在给我们讲解了医院的一些基本情况及见习的注意事项后，她让我们按照事先分好的小组组队，然后分批带各小组前往各自的见习区。我们被分到了儿童青少年病区。

儿童青少年病区，顾名思义，是一个以收治青少年儿童患者为主的病区。作为见习的第一站，我很好奇这里会是怎样的景象：灰败？嘈杂？阴森？死寂？进去之后，我发现这里全然不是我想象的那样，一派“曲径通幽处，禅房花木深”的景象出现在我眼前，给人一种宁静而又祥和的感觉。这里有假山，有绿水，有芳草萋萋，有亭台楼阁……而那些小患者们，就在这花园一般美好的病区里调养。

指导我们见习的是容医生——一位充满青春活力的大姐姐，一头披肩短发，十分清爽干练。

在容医生的带领下，我们来到一间干净整洁的病房，其中一张病床上坐着一个身穿粉红色洛丽塔裙的女孩，看上去也就十三四岁，正值豆蔻年华。按理说，她这个年纪的小女孩应该无忧无虑，可是不知道为什么眼前的小女孩看上去像霜打过的茄子一样，有些无精打采的。随后，在容医生和她的交谈中我们了解了一些她的情况。

“你现在心情怎么样？”容医生问。

“唔……我现在就是觉得很不开心，感觉整个世界都变成了灰色一样，没有任何色彩，我实在是开心不起来。”女孩回答。

“那你最近睡眠情况怎么样？”

“比来这里前好多了，不过有时候还是睡不着，即使睡着了也很容易半夜醒来，然后就很难入睡了。”

“那你在这里吃得还习惯吗？”

“还勉强，反正不管吃什么都没胃口，即使是以前很喜欢吃的，现在吃下去都会有一种恶心、反胃、想吐的感觉。”

“说一说在学校里遇到了哪些让你难过的事情吧。”

女孩眼神一黯，说道：“我们宿舍的几个人总说我坏话。”

“她们为什么要说你坏话呢？”

“我们宿舍有洗衣机，为了方便，我们经常把衣服放进洗衣机里一起洗。有一次，一个舍友说我的衣服把她的给染色了，我向她道歉了，但她还是一直用各种难听的话骂我，到了最后，她还联合宿舍其他人一起针对我。”

“你当时的感受是怎么样的呢？”

“特别难受，她们总是针对我，后来我就觉得无论是谁好像都在说我的坏话，脑子里也经常出现别人说我坏话的声音，所以越来越不想跟人打交道，我怕他们也会像我的舍友那样骂我……”女孩的声音越来越小，到最后小到几乎听不见了。

过了一会，容医生又问道：“那个时候，你睡得怎么样呀？”

“一直失眠，一到晚上我就非常害怕，睡不着。”

“为什么一到晚上就害怕呀？”

“因为一到晚上，我就会看见鬼，”女孩说到这里时，我明显感觉到她的声音有些发颤，“她会站在窗户外面直勾勾地盯着我。”她用手指了指窗户的方向。

“那鬼是长什么样子的？”容医生问。

女孩想了想，说："一个穿着红色衣服的女鬼，每次出现时她都在不断地咒骂我，让我去死。"

"那你觉得她的声音熟悉吗？有没有和你身边谁的声音类似呢？"

"我觉得和当初欺负我的那个舍友的声音很像。"女孩弱弱地说。

容医生微微皱起眉头。"好的，你的情况我大致了解了。"她点点头，然后叮嘱，"如果遇到其他问题随时都可以找我。"

"好！"女孩甜甜地一笑，这一刻的她仿佛一个降临人间的天使。

离开病房，回到医生办公室后，容医生跟我们说起有关这个女孩的事。

"她入院时，被院里诊断为重度抑郁症，诊断依据就是她刚刚说的那些包括睡眠质量差、食欲不振、有过自残行为等症状。不过……"容医生顿了一下，有点严肃地说，"刚刚她说她有一种以第三方视角来看自己的感觉，我们称之为'解离感'，它是精神分裂症早期症状之一，而且她有该病的家族病史，这就意味着她很有可能也患有这一疾病。"

我的心沉坠得像灌满了冰冷的铅。我想起了老师在变态心理学课堂上讲的，精神分裂症是所有精神疾病中最严重的一类，它以精神活动与环境的不协调为主要特征，常有感知、思维、情感、行为等多方面的障碍和精神活动的不协调，通常在青少年时期或成年早期发病，早期症状可在青少年时期就出现，持续数年之久。一些患者表现为敏感、害羞、胆怯，缺乏积极的情绪反应，社会适应能力差；另一些则表现为注意力不集中，过分活跃，对抗性增强，固执，不服从师长。这段时间被称为前驱期。

"抑郁症和精神分裂症有什么关联吗？重度抑郁症会不会转化为精神分裂症？"一个组员问。

容医生想了想，说："抑郁症是情感性障碍，精神分裂症是指感觉、思维、意志、情感、行为等心理机能的紊乱，两者是不同的疾病，彼此间不是因果关系。”为了方便我们理解两者的关系，容医生给我们打了一个生动形象的比喻：“就像你的手受伤了，跟你的脚会不会受伤没什么关系一样。”

我们像小鸡啄米似的不断点头，表示理解了，但随后我脑海里闪过一种非常糟糕的情况。

“照您这么说，手伤和脚伤也是可以同时出现的吧？刚刚那个女孩会不会既有重度抑郁症，又有精神分裂症？”我问。

“对，”容医生严肃地点点头，“不排除这种可能。”

“那容医生，她的病历等下会被改成‘精神分裂症’吗？”

“现在下诊断还为时过早，就目前的情况来看，我们只能怀疑她得了精神分裂症而已，至于是否确诊精神分裂症还有待进一步评估和观察。”容医生似乎看出我们内心的紧张，这样说道。

我们稍稍松了一口气。

“现实中很多时候精神分裂症和情感性障碍之间的区分也很模糊，有一些符合精神分裂症诊断的患者确实会同时存在明显的抑郁或躁狂症状，专业的精神科医生有时也很难明确地界定。医院对患者下重性精神疾病的诊断向来是非常慎重和严谨的，因为我们知道，我们对患者的每一个诊断都有可能会影响他的一生。”容医生说这段话时语气异常严肃，接着，她语气一软，“像刚刚的那个小女孩，她这么年轻，我们不希望她将来因为一次不严谨的诊断而戴着‘精神分裂症患者’这顶帽子度过一辈子。”

“你们也知道，现在大多数人看待精神分裂症患者是一种怎样的态度。”在谈话的最后，容医生苦笑着说。

听完容医生的话，我的心又猛地一沉，有种说不清道不明的难受。

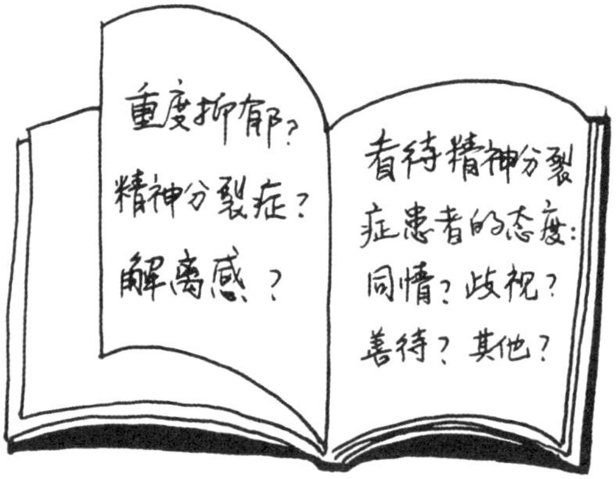

与抑郁症患者相比，精神分裂症患者显然更符合平常人们心目中的“精神病患者”或者说“疯子”的形象，并且精神分裂症的病因也比抑郁症来得更为复杂。听人说过这样一句话：“当知道一个人是抑郁症患者时，你会同情他；当知道一个人是精神分裂症患者时，你会远离他。”同样是精神病患者，人们会更倾向于同情抑郁症患者，而歧视精神分裂症患者。国内有研究表明，人们普遍对以阳性症状为主的精神分裂症表示担心，认为它对患者本人和其他人造成的伤害性更大，这可能与该病的特点和症状有一定的关系。精神分裂症患者受病情影响更可能出现肇事肇祸行为，从而加剧了人们对该患者群体的恐惧感。这种恐惧感一方面会恶化已确诊的精神分裂症患者被孤立的局面，另一方面也会让未确诊的潜在患者产生病耻感而不愿去正规精神病专科医院接受治疗，从而贻误治疗时机，对患者及其家庭造成严重不良影响。

孕“龙神之子”的母亲

接下来的一天我们去的是睡眠障碍病区，主要收治一些因精神问题而导致睡眠障碍的患者。为了让我们尽可能多地与患者面对面交流，一到病区，主管医生便让我们先自行分成三个小组，每组三至四人，每个小组都在一位医生的带领下进行见习。

带我们的是王医生，一位看上去三十多岁的男医生。他和其他医生一样，都身穿白大褂，头戴医生帽，脸上还戴着口罩，最能让他从一众“白大褂”里区别开来的，估计是他那连宽松的白大褂都掩藏不了的有些发福的身材，还有那接近一米八的在同楼层医护人员中算得上出类拔萃的身高了。我们在休息室等待了一会，王医生带来了一位二十多岁的女性患者，她略显丰腴。可能是刚起床不久的缘故，她的头发有些凌乱，眼神看起来不是很有光彩，整个人显得懒懒散散的，很没精神。

王医生让患者（下文我姑且将这位患者称为“母亲”）在椅子上坐下，然后开始了询问：“这几天晚上睡觉感觉怎么样啊？胃口好吗？”……这些问题都是围绕患者住院的一些生活情况展开的，患者一一作答。我感觉她在回答时显得很有逻辑、条理，和普通人没有什么不同。我和其他两个同学在一旁静静地听着，偶尔交换一下有些疑惑的眼神，就在这时候，飘进我耳朵里的对话让我瞪大了眼睛。

“你觉得自己怀孕了？”王医生问。

“是的。”“母亲”肯定地点点头。

“那你怎么知道自己怀孕了呢？”王医生紧接着问。

“你看我的肚子都这么大了，怎么可能没有怀孕？”她边说边挺起自己的肚子摸了摸，“而且，我经常能感觉到肚子里的孩子在踢我。”这时，她的脸上露出了一丝幸福的笑容，就跟准妈妈向别人谈起自己肚子里的孩子有多么调皮时的神情一模一样。

“那孩子的爸爸是谁呀？”王医生追问了一句。

“孩子的爸爸是龙神！”“母亲”毫不迟疑地回答，脸上流露出自豪的神情。

我仿佛跌落在云雾中，极力忍住自己吃惊的神情，迅速看了下身旁的同伴，他们的眼里也满是惊讶。王医生又继续问了“母亲”一些问题，便把我们带出休息室，告诉我们“母亲”是一名精神分裂症患者，她妄想自己怀孕了，而且坚信自己怀上了龙神的骨肉。尽管医院给她做了B超检查，并根据检查结果明确告诉她并没有怀孕，可她仍然坚信自己怀孕了，这其实是患者缺乏症状自知力的表现。同时她还伴有幻听、幻视等典型的精神病性症状，她声称自己能看见龙神，并能听见龙神说话的声音等。在介绍完“母亲”的一些基本情况后，王医生对我们说：“你们可以再去和她聊聊，特别是就她的幻觉症状，可以参照刚才我跟她谈话的方式去尝试了解更多精神病性症状的特点。”于是我们几个又回到了休息室，模仿着王医生的问话方式和“母亲”有了下面的对话。

“刚才听你说你怀孕了，而且怀的是龙神的孩子？”我顺着王医生前面的问题问“母亲”。

“是的，千真万确！在医生给我做B超时我都看到了，可是那个医生偏说我没有怀孕！”她带着一丝不忿再次肯定地回答。

“那你见过孩子的父亲，也就是你所说的龙神吗？”小光也加入了对话。

“当然见过了，”她坚定地点点头，“我能看到龙神，也能听到龙神说话，不过你们一般人是看不到他的。”她有些得意地笑了，看得出来她对自己这个特殊的天赋感到特别骄傲。

“那你能够告诉我们龙神是长什么样的吗？”小王有点好奇地问。

“龙神就是长着龙神的样子啊。”她有点含糊其词，看到我们一脸怀疑的模样，又抛出一句让我们都摸不着头脑的话，“中华民族的伟大复兴是以黄河流域的崛起为标志的……”她说这句话时，神情非常严肃正经，就像虔诚的教徒。

听到这句前言不搭后语的话，我们几个愣了一下，不约而同地交流了一下眼神，然后我饶有兴趣地问：“哦？这个怎么说？”

“黄河是我们中华民族的母亲河，它孕育了我们，我们中国人吃她的、用她的，我们能有今天的成就完全是她的功劳。”她给我们简单地“科普”了一下黄河的知识，最后补充了一句，“黄河就是黑龙（龙神）的化身！”此时的我们已经完全被她那惊世骇俗的观点给吸引住了，没有注意到她这个回答实际上是答非所问的。

我们在问完问题，并对她表示感谢后，便让她离开了。之后，我们几个围在一块，开始对“母亲”这一病例进行讨论。

“不知道你们发现没有，她似乎真的认为龙神是真实存在的，她谈起龙神就跟我们谈起学校宿管阿姨那样自然。”小王有点惊奇地说。

“对，要不是她讲的内容实在离谱，单看她说话时的神情、语气，我根本没想到她在撒谎。”小光点点头表示肯定。

“不不不，她可不是在撒谎，撒谎是把假的当成真的说出来，说谎的人知道自己说的是假的，可她不一样，她是坚信龙神的存在，然后把这一所谓的‘事实’告诉我们。也就是说，她根本没有意识到自己的想法是假的，她完全生活在自己幻想的世界里无法自拔。”我纠正道。

“这应该就是妄想了，妄想是不可能被说服和纠正的，刚刚王医生也说了，尽管他们把她的孕检报告摆到她面前，但她还是坚持认为自己怀孕了。”小王说。

“那她说的看见龙神、听见龙神说话等应该就是幻觉了，可是她缺乏现实检验能力，把这些幻觉当真了。”小马叹了一口气。

“我有点好奇，像她这种关于龙神的妄想到底是怎么形成的呢？”我皱了皱眉头，提出疑惑。

“可能是因为她经历过一些以她现有的认知水平无法解释的事情，

这些事情造成了她认知上的失调，为了消除内心的不安，达成认知自洽，她就妄想出一个并不存在的‘龙神’来解释这一切。”就在我们讨论得热火朝天时，身后突然传来王医生的声音，我们回头一看，原来王医生不知什么时候已经站在我们身后默默地听着我们的讨论了。

“按结构来划分，妄想可分为系统性妄想和非系统性妄想。你们刚刚在和她交流的过程中，也发现了她说的话总是漏洞百出，像她这种内容荒谬、前后矛盾、缺乏逻辑性的妄想就是非系统性妄想。”王医生接着给我们解释道。

“那什么又是系统性妄想呢？”小马问。

“系统性妄想和非系统性妄想刚好相反，它是妄想内容连贯、结构紧凑的妄想。”王医生耐心解释道。接着他提到他曾经接触的一个病例，“患者是一名高级工程师，他认为当地球的黄道平面和赤道平面与太阳光照形成某一特定角度时，在地球的某处就会出现一道时空缝隙，只要进入缝隙中就可以穿越时空。他声称这是他在查阅了大量论文、资料的基础上得出的‘科学结论’。入院后，为了向我证明他这一理论是正确的，他在一张白纸上密密麻麻地写满了各种公式来对他的理论进行推演求证。”王医生明显是带着一丝敬佩的语气来给我们介绍这个患者的，“像这种组织严密、前后一致、具有高度逻辑性，但逻辑推理是建立在错误假设上的妄想就属于系统性妄想了。”

最后，让我把话题引回“母亲”身上。说实话，在刚开始与“母亲”交谈时，我认为她的言语是十分荒谬且滑稽的——你能想象在现实生活中会有人一本正经地告诉你像龙神这种只存在于神话传说中的事物其实是真实存在的，她怀了龙神的孩子吗？在不断交谈中，我发现她十分肯定乃至坚信龙神的存在，就如同我们认为地球是圆的一样，她丝毫没有意识到她的想法有什么不对的地方，缺乏症状自知力。在和她交谈一段时间后，我突然为她，或者说为她所坚信的“龙神”还有“孕育龙神之子”这种实际上并不存在的幻想感到一丝悲凉。在她眼里，我们才是错误的俗人，我们才是“疯子”，我们都不能理解她那种“被龙神所眷顾是何等幸运”的感觉。

讨论结束后，我起身走出休息室，在路过旁边一间病房时无意间往里面瞥了一眼，然后看见了“母亲”——此时她正定定地坐在病床上，两眼无神地直视前方，左手轻轻地抚摸着自己的肚子，仿佛是在安抚着肚子里那个实际上并不存在的“龙神之子”，嘴角带着淡淡的微笑。

她一定很孤独吧，我想。

你不能作我的诗，正如同我不能做你的梦一样，正常人无法理解患者幻觉和妄想中的那些“存在”。当那些“存在”对他们构成“威胁”时，他们可能就会有所行动。因为事实上根本没有那些“存在”，我们只看到他们伤人毁物的行为结果，而他们却认为这些行为都是自己在防御那些“威胁”和进行自保。

“双面人”

这天我们去精神科研究室开展见习，我被分到了情感障碍一区，这里住着患有情感障碍的患者。

这里和前面我去过的四个病区不同，它是全封闭式管理的，也就是说，这里一般情况下是不允许外人进去探望的。一大早，在说明情况后，王医生便带着我们向病房区走去。我们跟着王医生穿过一条狭长而明亮的走廊，一盏又一盏的路灯整齐地排列着向尽头延伸，米黄色的灯光柔柔地洒在过道的每一个角落里，让人感觉平静和温馨。走廊尽头是一道紧锁着的铁门，穿过铁门，我们来到了一个宽敞的大厅。王医生告诉我们这里是值班大厅，二十四小时都会有护士值班，以便处理一些突发状况。在给我们介绍完值班大厅的一些基本功能及工作流程后，王医生再次带着我们打开一道铁门，铁门后又是一条长长的走廊，走廊的尽头便是病房区了。在整个过程中，我注意到，在我们所有人进入一道铁门后，王医生都会仔细地把这道门再次锁上。

进入病房区后，我们看到不少患者在里面散步、看电视、聊天等。看到我们进来，不时有患者凑上前热情地跟我们打招呼：“医生们好！”“医生你们吃饭了吗？”……王医生也很熟络地和他们寒暄起来，就像在大街上和老朋友偶遇一样自然。

看来这里的医患关系还挺和谐的，我想。

在王医生的带领下，我们进入了其中一间病房。病房里的摆设极其简单，除两张病床外，别无他物。在靠近门口的那张病床上，坐着一个身穿病号服的十二岁左右的女孩，此时她正坐在床沿一边晃动着两只小脚一边哼着歌。看得出来她心情很好。

“王医生好！”看到我们进来，女孩连忙起身笑着向医生问好。

一个活泼开朗又有礼貌的女孩，这是我对她的第一印象。

“早上好。”王医生点点头，“你在这里住了一段时间了，觉得这里怎么样？”

“我觉得这里挺好的，很清静，不用想那么多事情，而且医生和护士对我们都很好，”女孩笑着说，“当然，如果还能有手机玩就更好了，可惜这里都不给带。”

“安心养病就好了，等你病情好转了想怎么玩谁会管你？”王医生也笑着说，接着，他话锋一转，“看你今天心情挺不错的，那我问你一个问题：如果让你按从 1 到 10 的顺序给你现在的心情打分，1 表示很不高兴，10 表示非常高兴，你会给自己的心情打几分？”

“呃……”女孩想了想，说道，“8 分吧，我觉得我现在挺高兴的。”

“那你最近睡得还好吗？”王医生问。

“最近我睡得比较少。”女孩老老实实地回答。

“昨晚她三更半夜不睡觉在房间里唱歌跳舞，吵得我一整晚都没睡好！”一个愤愤不平的声音从另一张病床上传来，同时，一颗脑袋从床上的被窝里钻了出来。我一看，是一个年龄和她差不多的女孩。这时我才注意到这间病房里除了我们还有其他人。

听到舍友在医生面前这么说自己，女孩憨笑着，有点尴尬地挠挠头。

“哦？她说的是真的？你为什么半夜不睡觉在房间里唱歌跳舞呢？”王医生笑着问。

“昨晚我太兴奋了，感觉自己身上有用不完的精力，所以就忍不住唱歌跳舞了。”女孩有点脸红，接着，她转过头有点不好意思地对舍友说，“实在不好意思啊，昨晚我吵到你睡觉了。”

她的舍友摆摆手表示没关系，翻个身继续补觉去了。

为了不打扰她的舍友睡觉，我们走出病房再继续和女孩谈。

“能说下你过去的经历吗？”王医生问，接着，他指指我说，“这个哥哥是今天才来的，他还不太了解你过去的事。”

“可以。”女孩回答得十分干脆，然后问，“那我从哪里说起呢？”

“能说下你在学校的情况吗？”我问。

“行，”女孩点点头，顿了一下，然后说，“以前班上的同学经常嘲笑我长得胖，还给我起难听的外号。”

“是因为你和他们发生了冲突他们才这样说你的吗？还是因为别的？”

“之前我跟班里的几个女生闹过一些矛盾，然后她们就给我起外号，并当着全班同学的面叫我外号，让我难堪。”她停了一会，接着说，“不仅如此，她们还动手打我。有一次她们趁我去厕所的时候把我的课本扔到厕所里，然后几个人在厕所里围着我打，我被她们打得遍体鳞伤的。”

我沉默了一会儿，继续问：“这些事你跟老师说过吗？”

“跟老师说过，但是没什么用，老师找她们谈完话后，她们照样欺负我，而且欺负得比之前更狠。”

“那你告诉过爸爸妈妈吗？”

“说过，但是这有什么用！爸爸妈妈觉得这些不过是我们小孩子间的小打小闹罢了。”女孩有点不满地说，“而且她们说就算告诉老师，老师能做的也只有找她们训话罢了，这根本不能让她们不欺负我。”

“那你后来是怎样应对她们的欺负的？”

“最开始她们欺负我时我都会反抗，后来基本上就不想反抗了，或者说懒得反抗了，反正不管我怎么反抗她们都不会放过我的。”

“那你当时的感觉是怎样的？”

“有时候我觉得自己是这个世界上的罪人，当我走在路上的时候，似乎每个人都在议论我，嘲笑我，我也觉得自己就是一个祸害，活着只会给别人添麻烦，所以我经常有想死的念头；但有时候我又感觉自己是世界的宠儿，我能感受到世界上每一个人都对我充满了善意——这里面也包括之前欺负我的那几个女生，我会把她们对我的伤害看作是对我‘恨铁不成钢’的鞭策。而且这个时候的我能在短时间内解答我以前冥思苦想也解答不了的数学题，我能一目十行，轻而易举地背诵我想背的任何课文。对了，现在我感觉自己就处于这种状态。”说到最后，女孩开心地笑了。显然，她对现在的自己感到很满意。

“那后来呢？”

“后来我就被爸爸妈妈送到这里来了，”女孩耸耸肩，“医生最初给我下的诊断是重度抑郁症，后来住院观察一段时间后，医生发现我其实还有躁狂，最后我被诊断为双相障碍。”

“好的，你的情况我大概了解了，谢谢你跟我们分享这么多。你现在可以去忙你的事了。”在谈话的最后，我向她表示感谢。

“没事没事，如果还有什么想知道的尽管来找我啊。”女孩露出灿烂的笑容，转身一蹦一跳地跑去看电视了，此刻的她欢快得就像一只小精灵。

“唉！”看着她离开的背影，我不由得深叹一口气，谁能想到眼前这个才十来岁的女孩经历了这么多呢。

王医生之前一直在默默听着我们的对话，等女孩离开后，他开口道：“她刚刚也说了，她患的是双相障碍。所谓双相障碍，是指病发时会有躁狂和抑郁两种情绪状态交替出现，在发病全程中有时以躁狂型为主，有时以抑郁型为主。它有两种类型：患者有抑郁症的表现，并且有典型的躁狂发作，特点以躁狂为主，病程持续一周以上的情况为双相Ⅰ型；有躁狂的表现但并不严重，典型特点为轻躁狂重抑郁，病程不到一周的，属于双相Ⅱ型。双相障碍的发病原因尚未清楚，目前倾向认为遗传与环境因素在其发病过程中均起重要作用，遗传因素的影响可能较为突出。”

“那双相障碍的临床表现有哪些？”我问。

“躁狂发作的典型临床症状包括情绪高涨、自我评价过高或夸大、精力充沛等。抑郁发作的典型临床症状包括情绪低落、思维迟缓、意志活动减退、精力减退等。许多精神病学家认为不存在纯粹的躁狂发作，在躁狂发作之后总会出现抑郁发作。”王医生回答。

“抑郁发作的症状我们很容易察觉，但是躁狂发作……我觉得就没那么容易察觉到了。我们该怎么把‘躁狂’与日常的‘高兴’相区别呢?”我又问。

“首先，我们平时的高兴会有幸福或快乐的情绪体验，而躁狂发作中占主导地位的并不是幸福感，而是易怒情绪。尤其是如果患者在实现目标的过程中遭遇了困难，即使在高峰体验时也容易落泪甚至大哭，在躁狂发作时伴随有强烈的抑郁。其次，躁狂时的认知想法和高涨的情绪是相符合的，患者常夸大自己的能力，意识不到自己的行为会造成非常严重的后果。比如有一个公司老板，过年时刚好躁狂发作，一向节俭的他给每个员工发了一部苹果手机；有的躁狂发作的患者狂刷信用卡，根本没有意识到自己无力偿还债务；还有些患者会产生妄想等精神病性症状。最后，躁狂行为是极其活跃的，患者处于疯癫状态，会使周围人感觉到不舒服。在躁狂发作中，患者也会出现不需要睡眠、注意力不集中等一连串过分活跃的行为，之后往往会嗜睡。躁狂对体力有所消耗，因此，躁狂行为会在一段时间后有所减轻。”

“那双相障碍可以治愈吗？”

“双相障碍易复发，比单纯的抑郁症更难康复，发作也更为急性，每次症状都持续几天甚至几个月，躁狂和抑郁都会出现，但一般都没有规律。大约有三分之一的双相障碍始于青少年期，发作通常由小的情绪起伏或轻度循环性情绪摇摆开始，发作的频率以及疾病的严重程度都趋于更加恶劣，我们只能通过不间断的药物治疗来控制病情。”王医生言语中透着无可奈何。

“那确诊双相障碍的患者比单纯的抑郁症患者更惨？”

“是的，双相障碍患者的极度活跃和反常行为会给其学习和工作带来更多麻烦，和单纯抑郁发作的患者相比，双相障碍患者尝试自杀以及自杀成功的概率都很高，甚至在经过治疗后，双相障碍患者有更大的可能性表现很差。因此，双相障碍患者一定要遵从医嘱，按时服药，尽可能地减少复发。当然，算是好消息吧，如果双相障碍中的躁狂症状比较稳定，抑郁症状又不是非常严重的话，雄心壮志、极度活跃等可能会使患者实现较高的成就。你们想想看，这些特点是不是和某些成功人士相关联？”王医生反问我们。仔细想想，我脑海里随即蹦出来两个名字，兴奋地说：“对了，貌似林肯、罗斯福也患有双相障碍吧？”王医生笑着点点头：“是的，一些有创造力的人可以利用并控制他们并不严重的双相障碍来获得成功。”

“天才和疯子只有一线之隔！”我们几个不约而同地说了出来。

通过这一周的见习，我认识到心理健康和身体健康一样，都是非常重要的——精神病专科医院里的绝大多数患者都是四肢齐全、身体健康的人，然而他们却遭受着不亚于身体疾病的来自精神疾病的折磨。身体疾病折磨的是肉体，而精神疾病折磨的是心灵。如今医学技术快速发展，使得大多数身体疾病可以得到及时治疗，而心理疾病往往难以观察，由此延误治疗时机。目前一些重性精神疾病需要药物治疗，有些精神病患者可能还要终生服药，其间一旦停药，病情很容易反弹，从而对患者及其家庭造成更大的创伤。早预防、早发现、早治疗，是防治心理疾病的根本。

尽管如此，针对精神疾病的预防及治疗工作目前尚未引起大众的普遍关注与足够重视。以常见的抑郁症为例，根据世界卫生组织的相关调查，目前全球约有 3.5 亿人患有抑郁症，但是能接受有效专业治疗的患者不足一半。这说明我们对心理健康的重视程度还远远不够，具体体现在两个方面：一方面，是社会对精神疾病的歧视，这很大程度上归因于一些影视作品对精神病患者的标签化。一些导演为了吸引观众眼球而使用一些夸张的手法妖魔化精神病患者，导致许多人对精神病避而远之，患者也因此会产生一种强烈的病耻感而讳疾忌医。另一方面，是社会对精神病患者的漠视。精神病患者，特别是患有严重精神障碍的精神病患者，是社会中的弱势群体，需要社会给予关怀和帮助。然而，由于社会上普遍存在对精神疾病的偏见，许多精神病患者无法得到社会的支持，从而导致其病情不断恶化，严重危害自身及他人的身体健康。

总的来说，这一周的见习让我学到了很多，使我能够有机会跟精神病患者进行直接接触，并通过面对面观察、交谈等方式进入他们的内心世界，深入了解他们的行为及心理状况，从而加深了我对精神病患者这一社会弱势群体的认识和了解。同时，此次见习也让我对应用心理学这一专业有了更进一步的认识，让我明确了自身发展方向，坚定了要学好本专业知识，将来为帮助有需要的心理障碍患者尽自己一份力的决心。

关爱与执念

刘丽婷　曾玲娟

我们生活在同一个世界，我们又拥有和别人截然不同的世界。无论这个世界如何变化，都请你看到自己的光芒。

“铃铃铃”，闹钟发出了清脆的声音，仿佛在喊我快起床。我努力睁开眼，时间是早上五点半。起床，收拾，出发。门外还有点朦胧，路上一片寂静，随着车子离目的地越来越近，天渐渐亮了，我的心也越来越激动。一个多小时后，我们到达了目的地，我将在此度过接下来的五天。

棋　子

经过分组和简短的培训后，我们小组来到了一座院子。院子里的房屋设计让我有些惊讶，因为它跟普通病房很不一样，整座院落的建筑风格类似于中国的复古建筑，红色的外墙，红色的柱子，红色的木窗。如果不是事先知道这里是医院，我还真以为自己走进了一个古建筑风景区。院子里的每间病房都有两张床，被子和床单都是蓝白相间的，给人一种洁净感。这里便是精神病专科医院的森田病区。

跟着带教医生去查房，病房里静悄悄的，早上八九点的阳光懒洋洋地从木窗洒进来，把病房照得格外明亮。一个瘦小的少年进入我们的视线，他衣着整洁，表情平静，独自坐在床边发呆。感觉到有人进来，他抬头看了一眼，往床头挪了挪，将整个身子侧靠在床头上，仿佛不想与我们靠得太近。医生微笑地看着他，轻柔地询问："晚上睡得怎么样?"

少年转过头，直勾勾地盯着医生，面容略显憔悴，回答道："还好，就是晚上会醒。"

"一晚上会醒几次?"医生追问。

少年左手托腮："两三次吧。"

医生一边用笔在本子上记录少年的情况，一边继续问："最近的饮食情况怎么样?"

"还行，能吃得下饭，饭量和平常一样。"

"那最近的大小便怎么样?"

少年脸色微微泛红，有点不好意思地低下了头。

或许是在场的人有点多，他有点紧张，抑或是少年正值青春年少，有些不好意思，他并没有回答医生的话。

医生见此情况，脸上扬起了更温柔的笑容："有些不好意思了?没关系，这些问题在医院都是经常被问到的。"

少年这才支支吾吾地说："呃……最近就是……有点拉肚子。"

医生的笔在本子上停顿了一会，望着少年："一天大概会拉几次?"

"三五次吧。"少年回答。

医生向他点点头："最近心情怎么样？"

少年轻声回答："大部分时间心情还好，但是自己一个人的时候突然就会莫名其妙地不开心，有时候还会觉得很难受、想哭，晚上睡不着的时候也会想很多，觉得看不到希望……"

医生若有所思，然后轻轻地问："会听到一些别的不一样的声音吗？"

少年眨了一下眼，说："有，有一个女人的声音，在夜深人静我睡不着的时候，这个声音总出现在我耳边，她有时候会大笑，有时候会痛哭，有时候又会发出很诡异的声音，好像在抱怨什么，总是大吵大闹的。"

我背后微微一凉，头皮有些发麻，联想到了电影里鬼怪出场的情景。

医生又问："这个声音是出现在你的梦里吗？"

"不，不是的，我是清醒的。"少年声音变得着急起来，情绪有些激动。

"行，那你好好休息，先观察几天再看看吧。"医生说完又转头对我们说，"你们年轻人之间可以面对面地再交流交流。"

当病房里只剩下我们和这个少年时，他有些局促不安，双手平放在大腿上，坐在床沿，默默地低着头，有点不知所措。其实我们也有点紧张，一时间不知该如何开始。

"呃……我们是学心理学的，想和你聊聊，你……你不用太紧张。"同组的小李率先打破了这尴尬的局面。

少年"嗯"了一声。

这个场景让我觉得似曾相识，脑子一转，这不就是中学时代老师来家访时孩子的表现吗？紧张、慌乱又带点懵懂。只是，我们也是新老师，也和他一样紧张。

“你知道自己患什么病吗？”小李又问。

“重度抑郁症。”这下少年答得十分干脆。

“那你有感到担心、害怕、惶恐吗？”小李再一次问。

少年看了小李一眼，摇摇头：“没有，不担心。”

“你和家人的关系怎么样呀？他们经常来看望你吗？”我也加入了谈话。

少年再一次往床头处挪了挪，斜靠在床头上，陷入了沉思，脸上有些许落寞。过了一会，他终于开口了：“不好。”

我继续问：“可以说说怎么不好吗？”

“唉！”少年重重地叹了一声，低着头不说话，似乎有苦难言。

“没事，你不想说也没关系的，那我们就聊聊别的吧。”我安慰他，正准备转换话题。

少年抬起头，眼睛睁得大大的，眼里有光亮在闪：“第一次有人跟我说不想说也没关系。”

“啊？为什么？”我问。

少年邪魅一笑：“我不是人。”

“这……”我们面面相觑，有些没反应过来。

“你……怎么就不是人了？”我加重了“人”字的音调，同时盯着他，想从他的神情上判断他是戏谑的还是认真的。

少年伸长脖子看了看门口和窗户，仿佛在检查什么。

“你在看什么？”小彭很好奇。

“看我妈在不在。”少年不慌不忙地说。

“为什么要看你妈在不在？”我有点疑惑。

“呃……”少年欲言又止，好像在思考怎么开口。过了一会，他才说：“我妈是魔鬼，会吃人的那种，连骨头都不用吐的。”说完之后，他哈哈大笑起来。我愈发觉得有意思了，这跟我想象中的重度抑郁症患者不一样。我还是不大清楚他是否在跟我们开玩笑，于是饶有兴趣地继续问：“你妈妈怎么就成魔鬼了？”

少年又看了一眼门口和窗户，外面没人。此时，太阳已经躲进云层里了，病房少了阳光的照射，显得有点阴森森的。少年的眼神在我们三人身上扫了一遍，问：“你们听过老巫婆的故事吗？”

“哪个版本的老巫婆？”

“从前，有一个老巫婆，她住在一座金碧辉煌的城堡里，那里面有花园，有果园，有女仆……她还有一把会法术的扫把。久而久之，她觉得在城堡里太无聊了，便坐上扫把，飞了出去。”

我们听得有些云里雾里，不知少年到底想要表达什么。这时他突然问我们：“你们猜她干吗去了？”

“干吗去了？”小彭一时没反应过来，下意识地顺着他的话反问道。

“她飞到了一片草原的上空，那里空气清新，景色优美，老巫婆开心极了。此时，一个小男孩正在放风筝，并发出清脆的笑声。老巫婆觉得他可爱极了，便把他抓回了城堡。”

“然后呢？这个小男孩后来怎么样了？”我迫不及待地问道。

少年调整了一下姿势，把脚放到床上，身子靠着床头，双眼紧闭，用很平静的语气说了一句：“死了。”

我们目瞪口呆，少年的思路让我们有些跟不上。

“为什么？”小李疑惑地问。

“老巫婆把他关在城堡里，一举一动都要按照老巫婆的指令去做，小男孩受不了，最后自杀了。”少年解释道。

我有些好奇：“这个小男孩没想过逃跑吗？”

“你以为他不想吗？他逃过很多次，逃不掉而已。”少年突然激动起来。我们瞬间懵住了，有点不知所措。

“你的父母很强势？控制欲很强？”我恍然大悟。

少年抬起头直勾勾地盯着我，眼睛里有红血丝。或许他意识到这样盯着人不礼貌，又向我微微一笑。

“从小爸妈就告诉我要懂事听话，要理解父母体谅父母，不管什么事爸妈都给我安排得妥妥当当的，他们认为我按照他们的规划走，将来一定会过得很好。而且我也只能顺从，一旦我违背他们的意愿，他们就会发脾气，不停地抱怨，诉说当父母的不容易，有时甚至以死相逼。”

小李说：“那你一定过得小心翼翼吧？”

少年苦笑着：“对，从小到大，我就像一枚棋子，爸妈把我拿捏得死死的。因为害怕惹父母生气，害怕让别人不开心，几乎所有的事情我都千依百顺，不敢发脾气。”

在与少年的对话中我们得知，不知从什么时候起，他活在了“你应该怎么样”“你要怎么样”的世界里，从而逐渐失去了自我。他对音乐、舞蹈感兴趣，想去读艺术学校，但父母拒绝了他的请求，并告

诉他只有成绩不好的人才会读艺术学校。后来，父母想方设法把他送去当地最好的学校就读，但是在学校里他并不快乐，他在很多方面都比不上别人，成绩垫底，得不到老师的关注和表扬。慢慢地，他越来越自卑，把自己缩进一个仿佛只有自己才能触碰的角落里，不想和别人说话，也害怕别人靠近。在学校里，他感觉自己格格不入，很压抑，而在家里，面对父母，他又会感到有压力、内疚和不安。

“你想过要改变吗?”小李问了一句。

少年抬头看了我们一眼，没有吱声，表情里闪过一丝无奈。

我们也没有说话，静静地等待着。时间仿佛停滞了一样，少年呆呆地坐在那里，像一座雕塑，陷入了沉思。不知过了多久，少年无奈地叹息了一声，欲言又止。最后，他还是开口了：“想过吧，可是，我无法去说服我的父母，只要我说一个‘不’字，我妈就会大吵大闹，说生我养我这么大，一点都不懂得感恩，有时候还会在我面前哭诉说不如死掉算了，这让我很难受。”少年又重重地叹了一声，闭上了眼睛，露出了疲倦的神态。

“那你跟别人倾诉过你的状况吗?”小彭向少年询问。

“没有，我不会和别人说的。”

“为什么?”我问道。

“我不喜欢和别人说话。”少年有些不耐烦了。他渐渐成了同学眼中的“怪咖”，不说话，不与旁人接触，独来独往。他也曾和父母倾诉过自己会莫名其妙地情绪低落，不开心，难受痛苦，失眠，但父母永远只有一句话：“你别想太多，专心学习，考上大学就好了。”后来，他把自己封闭起来，不参加任何活动，不和任何人说话，包括最亲近的父母，因为他知道，说再多也得不到他想要的回应。

“难道你就一直这样麻木下去吗?”或许是对少年变成这样有些痛惜，小李有些激动地问道。

少年冷笑一声："我曾经努力过，可又能改变什么呢？我现在也不抱什么希望了，一心等死。"

小李说："臧克家曾说过，'有的人活着，他已经死了；有的人死了，他还活着'。"

我也说："是啊，人固有一死，或轻于鸿毛，或重于泰山。"

少年苦笑："道理我都懂，可我难受的时候就是控制不住自己，就是觉得死了好，死了我就不会难受了。"

我能感觉到他的内心充满矛盾，想要反抗，想要改变，却又无能为力。

回到医生办公室，刚才带我们去查房的医生正在整理病历，看到我们进来，他朝我们微微一笑。

我们围坐在医生身边："医生，刚才那个男孩，他现在是什么情况呢？"

"你们跟他聊天，问出来一些什么吗？"医生笑着反问我们。

"他患的是抑郁症……父母对他的管控好像很严格。"小彭有些紧张地回答。

医生点点头："对的，这个男孩有多次自残行为，他的情况符合抑郁症的诊断标准，我们诊断他为重度抑郁症。"说完，医生抬头看了我们一眼，"抑郁症的主要表现为心境低落、意志活动减退、失眠多梦、郁郁寡欢等，严重时会出现自残、自杀行为。我们这里对抑郁症的治疗主要是药物治疗再加上森田疗法。经过治疗，他的症状已经减轻了许多，但还是可以看出一些，比如他有晚上会醒来好几次、胃不舒服等症状，所以你们看他个头是瘦小的，另外他还有幻觉、无望感以及自杀的想法。你们还记得他说的在清醒时能听到一个女人的声音吧？这个声音就是他的幻听。当然，你们也要注意有些抑郁症患者会食欲紊乱和睡眠紊乱，表现为食欲增加、睡得过多，有的患者甚至每天可以睡十五小时以上。”

“他很讨厌他的父母，尤其是妈妈，他都把他妈妈当成老巫婆了。”我说。

“他父母的教育方式是有问题的，父母太强势，对孩子的管教太严厉，孩子感觉不到自由，就像被一条绳子勒住了喉咙，喘不过气，长此以往，这个孩子就出问题了。”

“怪不得我们说想和他聊聊，他不想聊也没关系时，他感慨地说了一句‘第一次有人跟我说不想说也没关系’……他在他的故事里把自己‘杀死’了。”我简单复述了少年讲的城堡里的故事。

“这个故事就是他对自己和妈妈的一种臆想，患者在现实生活中实现不了的愿望，就会在幻想中去实现。诱发抑郁症的因素有遗传因素、家庭因素、社会因素等。对这个孩子的治疗，我们是要求家长一起来配合的。”说完这些，医生还不忘调侃一句，“你们以后对自己的孩子要求别太过分，不然容易出问题哦。”引得我们禁不住笑了。“家长的过度控制，会导致孩子的无能感和内疚感，这些会影响孩子进入青春期后的同伴关系，因此这个孩子后来与同伴的相处也受阻，最后把自己封闭起来，而这又会加剧抑郁的情绪。从另一方面来说，抑郁的症状也可以被看作是患者的一种自我保护方式，以减少自己内心的痛苦感。”

中国父母大多望子成龙、望女成凤，希望孩子将来有作为、有出息，但“望”得太过，就容易导致孩子出现心理或精神上的问题。更可悲的是，有些父母认为这些都是“小问题”，等悲剧出现的时候，他们才意识到这是“大问题”。很多父母都认为孩子只要好好学习，成绩好，考上好的大学，将来就会有出息。考上好的大学，将来就一定会有出息吗？不一定。时代在变化，各种各样的新行业如雨后春笋般不断涌现，这些新兴行业对学历的要求也没有以前那么高了。另外，现在很多行业急缺技术型人才，年轻人只要能吃苦耐劳，专心学习并掌握一门精湛的技术，也能成为一名优秀的蓝领人才，这并不比高学历者差。

除传统的“好好学习，取得高学历”外，获得成功的途径还有很多。而要想获得成功，仅仅靠智商是不够的，还要靠情商、机遇等。希望家长们能够理性认识到这些，从而科学教育孩子，不要盲目育儿，更不要“以爱之名”在伤害孩子的道路上越走越远。父母的陪伴是孩子成长路上最好的礼物。孩子是独立的个体，他们也有自己的想法和梦想，而不是用来实现父母期望的工具，成绩好与差都是次要的，成绩差点，还可以想办法弥补，但心灵创伤却难以痊愈。我又想起了纪伯伦的散文诗《孩子》：

你的儿女，其实不是你的儿女。

他们是生命对于自身渴望而诞生的孩子。

他们借助你来到这世界，却非因你而来，
他们在你身旁，却并不属于你。
你可以给予他们的是你的爱，却不是你的想法，
因为他们有自己的思想。
你可以庇护的是他们的身体，却不是他们的灵魂，
因为他们的灵魂属于明天，属于你做梦也无法到达的明天，
你可以拼尽全力，变得像他们一样，
却不要让他们变得和你一样，
因为生命不会后退，也不在过去停留。
你是弓，儿女是从你那里射出的箭。
弓箭手望着未来之路上的箭靶，
他用尽力气将你拉开，使他的箭射得又快又远。
怀着快乐的心情，在弓箭手的手中弯曲吧，
因为他爱一路飞翔的箭，也爱无比稳定的弓。

唱红歌的老人

之前，我一直以为封闭式精神病区是一个很恐怖的地方，精神分裂症患者是很恐怖的人，我不敢想象自己会去接近他们，与他们面对面交流。但在见习的最后一天，我和同伴来到了老年精神科。半透明的玻璃大门紧闭着，往里边一看，冷冷清清的，好像没什么人。小芳伸长脖子往里看了看，护士值班台离大门有些远，直接喊她们过来帮我们开门显然有些不现实。我们按下门铃，清脆的铃声打破了清晨的宁静。值班护士走了过来。

“你们是来见习的吗？”

“对。”

“你们来得这么早，还没到上班时间呢。”随后护士又解释道，“这里是封闭式病房，所以管得比较严。”

护士把我们带到医生办公室，等候带教医生。患者们陆续起床了，他们在医生办公室外的走廊上徘徊着，有些患者时不时透过门缝往医生办公室里探，用好奇的眼神打量着我们。我头皮发麻，掌心冒汗，心跳加速，真的害怕他们会突然冲过来对我们做一些疯狂的举动。

“哇，你们来这么早！”一位穿着小白鞋、牛仔裤和白大褂的女医生推门进来，她的穿着打扮与我们相仿，三十岁左右，自我介绍姓陈。或许是因为年龄与我们相近，人又随和，很快我们便与陈医生熟络了起来。陈医生给我们每人发了一本医用教科书《精神病学》，给我们简单地讲了精神病学的一些基础知识，特别是有关精神分裂症的，还给我们介绍了一些患者的相关信息，接着就带我们去查房了。到了一间病房前，陈医生对我们说由于里面患者的核酸检测结果还没出来，让我们在走廊上等她，她进去看看。或许是封闭式的缘故，我总感觉这里的走廊昏昏暗暗的，有点阴森。突然，旁边的病房里传出一阵阵嘹亮的红歌，声音大得仿佛整层楼都能听见。对面病房有一位老阿姨，一直站在病房门口盯着我们，我们有些害怕，低着头不敢直视她，但还是会用眼角的余光看她。过了一会，她终于忍不住走了过来。当她把手搭在我肩膀上时，我全身都在颤抖，差点儿撒腿就跑，幸好她只是来叮嘱我们要好好向陈医生学习。几种从未遇过的景象接连出现，让我们坐立不安。

终于，陈医生出来了：“走吧，先回办公室。”

“医生，那里有个唱红歌的老人。”小莫指着传出红歌的病房说。

“你们对她感兴趣？那是位老奶奶，她比较棘手，不过你们要是感兴趣也可以试着去和她聊一聊。”陈医生解释着。

“好，那我们先去看看。”

我们走进病房时，老奶奶正坐在轮椅上，看上去骨瘦如柴。她聚精会神地盯着墙上的电视，完全没有察觉到我们的到来。陪护的阿姨在阳台上洗衣服，注意到有人进来，抬头看了一眼，又继续洗衣服了。

“奶奶，在看电视呢。”小芳轻声细语地跟老奶奶打招呼。老奶奶一动不动地盯着电视看，完全没有反应。

“奶奶，早上好呀！”我加重了音量，但她还是没反应。

小莫伸手按电视机上的按钮，把电视的音量调小了些。

“奶奶，我们能跟您聊聊天吗？”小芳询问她。

“嗯？”老奶奶有些疑惑地看着我们。

“奶奶，电视好看吗？”小莫蹲了下来，一只手搭在老奶奶的轮椅上。

“我吃的是月饼。”老奶奶伸出颤抖的右手，艰难地拿起碗里的月饼展示给我们看。

“那奶奶还记得昨晚吃了什么吗？”小李问她。

“我会唱很多红歌，我唱给你们听。”红歌声又响了起来。

接下来，我们问了很多问题，老奶奶都答非所问、语序混乱，吐出来的只是只言片语。后来，她情绪变得有些激动，嘴里不停地重复着：“我不知道，我什么都不知道……有坏人要害莫生……七天七夜……你们要保护好莫生……”

“是谁要害莫生？”我们问她，并轻抚她的肩膀安慰她。

“是交通局局长要害莫生，你们要保护好莫生。”老奶奶终于回答上我们的问题了。

“那您知道莫生是谁吗？”

“是我，你们一定要保护好莫生……莫生是个好人……”老奶奶一直在重复着。

这莫不是思维散漫和被害妄想？我猜想着，脑海里搜索出思维散漫的概念，即指联想范围过于松散，缺乏固定的方向，思维内容虽然有些关联，但是缺乏内在的逻辑联系，使整个谈话结构不紧密，内容散漫，缺乏主题。

“奶奶，您能给我们讲一下您的故事或者您知道的秘密吗？”我小心翼翼地询问。

老奶奶突然警惕起来，直直地盯着我们：“你们是共产党的人吗？”

当我们回答是之后，老奶奶开心地笑了起来，她做了一个让我们靠近点的手势，仿佛接下来她要讲的事情很神秘。“我跟你们讲，毛主席昨晚来看我了，他跟我说了很多事情呢。你们一定要爱国，要向毛主席学习，打倒日本鬼子，打倒国民党反动派……”说着说着，老奶奶的情绪又激昂起来。

“奶奶，现在是新时代的中国，没有战争了，我们现在处于一个和平的年代。”小莫向老奶奶解释。

老奶奶把右手食指放在嘴边做了一个“嘘”的动作，并说：“小孩子别乱说话，这是毛主席跟我说的，没有错的。”

我们一脸茫然。老奶奶不停地说：“我去了台湾……我会开飞机，我一分钟就学会了开飞机，等我明天买飞机了载你们回大陆……有坏人要害莫生，你们一定要保护好莫生，莫生也会保护你们的……我今晚就和毛主席推荐你们……”说着说着，她又突然大声地唱起了红歌。

这时，走廊里有一名穿黑色衣服的女子经过，老奶奶变得尤其激动，一边用手指着那名女子，一边口吐脏话骂她。那名女子回骂了一句“神经病”便走了。

“奶奶，您为什么要骂她呢？”我有些不解。

“她是坏人，她要害我，你们要保护好莫生，要保护好莫生……”老奶奶一边说一边用期待的眼神看着我们。

“她只是路过的，您怎么知道她是坏人？”小芳询问。

“她穿黑色衣服，穿黑色衣服的都是坏人。”老奶奶坚定地回答。

我们赶紧看了看各自身上的衣着，庆幸今天我们都没有穿黑色衣服。

“奶奶，问您个问题，假如您有一百块钱，买糖果用去了三块钱，还剩下多少钱呢？”这是陈医生在查房时教给我们的，可以考查患者的运算能力。

“不知道，我什么都不知道。”老奶奶嘴里嘟囔着。

接下来，老奶奶说了很多话，都是没头没尾的，但她时不时会强调一下“要保护莫生”，然后说着说着又唱几句红歌。我们问不出有价值的信息，就跟老奶奶告别了。当我们走出病房的时候，老奶奶还在不停地叮嘱：“有坏人要害莫生，你们一定要保护好莫生啊。”之后我们身后又响起了嘹亮的口号“打倒日本侵略者……中国共产党万岁……”

我们推开医生办公室的门走进去，陈医生笑嘻嘻地问：“回来啦，有问出什么吗？”

我们把老奶奶的情况向陈医生描述了一遍。

“这位老人有严重的精神分裂症和其他的一些症状，一直觉得有人要迫害她，这是被害妄想。她还有幻觉、幻听，会看到毛主席来看她，听到毛主席和她说话。她自己会从一个话题突然跳到另一个话题，语序混乱，前后无逻辑，这体现的是思维散漫。其实她今天在你们面前表现出来的症状中还有一种象征性思维，不知道你们意识到没有？”我们有些茫然，陈医生继续给我们仔细分析老奶奶的症状，“她看到穿黑衣的女子就骂女子是坏人，这里，她把‘坏人’这个抽象概念具体形象化为‘黑色’了，这两者之间的特殊联系，她不解释的话别人是不懂的。她的思维障碍非常明显，问她很多基本的问题都回答不上来或者答非所问，就好比你们问她的‘一百块钱用掉三块钱，还剩多少’这种简单的计算题，她也无法回答。当然，精神分裂症患者的思维障碍还有一个特点，就是具有交替性，也就是说，在他们身上正常与异常的思维特性是同时存在的，所以这位老人说的话里也有些是真的。”

老奶奶仿佛把自己关在了一个自己创造的虚拟世界里，沉迷于其中无法自拔。不管我们如何强调现在是2020年，在现在的中国没有战争、没有侵略，她依然坚信自己正处于抗日战争时期，坚信毛主席会来和她谈话。她叮嘱我们要爱国，要好好向毛主席学习，这让我猜测她年轻的时候也许是一位坚定的共产党员。

在一般人的认识里，精神分裂症患者会突然发狂，伤人毁物，举止疯癫……人们不了解他们的感受，不明白他们的发病状态，总觉得他们非常恐怖，需要避而远之。

精神分裂症还是一组病因未明的重性精神病，多在青壮年中缓慢或亚急性起病，临床上往往表现为症状各异的综合征，涉及感觉、知觉、思维、情感和行为等多方面的障碍以及精神活动的不协调。随着媒体对精神疾病的防治宣传，精神分裂症的知晓率越来越高，人们对精神分裂症也有了更多的关注。

精神分裂症的康复，除需要患者自身按时按剂量服药，注意巩固性治疗防止病情复发外，还需要来自家庭的情感支持，更需要全社会的包容、理解和关爱。毕竟，爱是疗愈心灵的良药。

“废话”不“废”

五天很快就过去了，在各个病区走了一圈，和患者聊了很多，有些话甚至是重复的，但面对的患者不同，他们的故事也就不同。我最终选择了这一少一老的案例，将他们详细地记录了下来。事后回想起来，有一些对话就是闲时没话找话的“废话”，但有意思的是，说着这些“废话”，患者似乎就乐意跟我们聊开了。想起了老师说过的一个段子，她是个嫌麻烦的人，和先生刚在一起的时候，先生豪气冲天地对她说：“以后家里大事我来操心，你只要管小事就可以了。”她美滋滋地被温暖到了，过了一段时间，她才发现被忽悠了，家里几个月也碰不着一件大事，可家常小事几乎是日日不断，于是愤而抗议。

其实平常生活中，哪有那么多的大事。在家人闲坐之时，特别是亲子之间，又有多少英雄气概可以荡气回肠。这时候，一些关于日常生活的话题才充满着烟火气，能让一家人其乐融融，这就是“废话”并不“废”吧。

想到这，我拿出了手机，我要跟爸爸妈妈说“废话”去……

走进情感“精灵”的世界

何秋泳　曾玲娟

每个人遇到的困境不同，有人成功跳出困境，而有人被困在牢笼之中。愿我们都能怀着包容之心，相信生活、相信美好，也相信这些被困在牢笼的人可以慢慢走出来。

有这样一个传说。远古时期，有些人类不小心遭遇了一个神秘的漩涡，他们中有的被暂时地困在漩涡中，有的则被裹挟到了一个完全陌生的世界，这些卷入漩涡中的人被称为“精灵”。有些地方对“精灵”顶礼膜拜，奉之为神灵；有些地方对“精灵”妄加迫害，开展驱逐运动；更多的时候，人们对“精灵”畏而远之，因为他们与众不同，这种与众不同更在于他们中的一部分会不定时地爆炸，给周边人带来伤害，造成恐慌，他们也因此被称为“疯子”。作为应用心理学专业的本科生，我有机会到这些“精灵”集中的地方去近距离接触他们，短短五日，我在他们身上看到的人生样态并非精彩纷呈，更多的是如的是如履薄冰和心酸艰难。五天的时间，就像我们指缝中的流水，哗啦啦就不见了，时间虽短，但感触颇深，也让我对“精灵”的认识从书本上硬邦邦的理性文字，转变为深入内心的触动和感性的共情。

“兔唇女孩”的世界

初见时，女孩静静地坐在拥挤的人群中，木讷地朝着一个方向定定地看着，像一只温顺的小白兔。周围的小女生都聊得火热，但显然这种热闹和欢快丝毫没有感染到她，周围的世界与她无关，她仿佛置身于另一个世界。

突然听到医生在叫她的名字，女孩那黯淡无光的眼睛里闪现一丝慌乱。她顿了顿，急急地问：“医生，我可不可以回家？我想回家，我想回家了。”说完，她还用哀求的眼神看着医生。

“回家的事我们先放一边。你昨天晚上怎么了？为什么要叫护士姐姐给你打镇静剂呢？”医生面带笑容问她，目光温柔，透着关爱。

女孩转了转眼珠，像是做坏事被别人发现了一样，马上用否认的语气说：“那是一个意外，以后不会了。”

“真的是意外吗？我们现在先好好治疗，好不好？”医生更加温柔地安慰道。

“真的是意外，我会控制住自己不去想那些自杀的事，医生你让我出院吧。”她用力地压抑住带着哭腔的话语，试图让医生相信她的话。

“你好好做治疗，我先去下一个房间查房。”

医生带着我们离开了女孩的病房，走出治疗室时，医生跟我们解释说：“她是一个重度抑郁症患者，昨天晚上因为控制不了自己强烈的自杀念头，叫护士给她打了镇定剂才安静下来。等一下查完房，你们可以去找她聊一聊。我先不和你们说太多关于她的情况，你们可以通过和她慢慢聊天，再从中去发现她的具体症状。”

两个小时后，我们小组三人怀揣着好奇但又紧张的心情去找女孩。她正坐在蓝色的病床上，一边吃着水果一边玩着手机，丝毫没有注意到我们的到来。倒是我们三个人，相互推让，略带尴尬但又真诚地和她打招呼，并再次作了一番自我介绍，说明了我们的来由。

女孩从上到下仔细地打量了我们一遍，然后点点头，表示同意和我们交谈。我们急忙在周围找凳子，生怕她一会儿不高兴，就不想搭理我们了。

我们在女孩的床边坐下，她也放下了手机，继续吃着手里的苹果。一开始我们还是有点慌张，不知道从何谈起。为了拉近彼此的距离，消除她的戒心，我们先试探性地问了一些基本的问题——“你叫什么名字呢？”“多少岁呀？”“你是哪里人，在哪里读书呀？”女孩面色平静，而且语言逻辑清晰地回答了我们的问题。这令我们三个都有些意外，之前我们以为重度抑郁症患者可能不会那么坦白地回答陌生人的问题。同时，她也问了我们很多基本信息。

女孩吃完了手里的苹果，眼神越过我们，看向坐在角落里的一位阿姨。阿姨跷着二郎腿正沉迷在刷手机中，一开始并没有接收到女孩的眼神信号，女孩就叫了一声：“阿姨，垃圾。”然后把手里的苹果芯举了举。阿姨马上关掉手机，麻利地走了过来。我们看着她俩，发现她们并没有语言交流，也没有眼神交流。我们都有点疑惑，按常理来说，阿姨应该会与她寒暄两句，问问她的情况或者是跟我们打个招呼。但阿姨并没有这样做，她只是走过来，简单干脆地把女孩手上的苹果芯丢到外面的垃圾桶中，又回到了之前的座位上继续刷手机。女孩手空出来，开始在床下找东西，翻了翻，拿出了一小箱零食。她客气地邀请了我们之后，便拆开零食包装，一边吃一边和我们聊起来。这时，我才发现，她的上嘴唇和我们的有点不一样，有一道细细的疤痕，但不是很显眼，所以我也没有过多地观察，反倒是阿姨和女孩的关系更吸引我，于是我尽量用平常的语气问：“那位阿姨是你的小姨吗？”

“不是，她是我妈妈请来照顾我的。”她很平静地回答。

我们三个有些惊讶，为了避免她有别的想法，我们脸上尽量保持平静，只是悄悄地交换了一下眼神。

“原来是这样，那你妈妈呢？她怎么没有来照顾你？”我微笑地问她。

“妈妈要工作，她要是一直来照顾我的话，我家就没有钱了。”

“那你爸爸呢？”

“爸爸被冤枉坐牢了。”

听到这，我们都有些愣住了，我有点心疼她，在她最需要亲人照顾和关爱的时候，却没有一个亲人在她身边陪伴。我想，她妈妈可能也很无奈。

我们连忙安慰道：“你妈妈现在一定很牵挂你，所以才专门请人来照顾你。”

谈话中，我们了解到，女孩七岁之后就由妈妈一个人带着生活，成长环境中缺失了父亲的关爱。在生计和家庭的双重压力之下，妈妈常常因为工作忙碌而顾不上她。妈妈常常对她说：“妈妈工作很辛苦，谢谢你理解妈妈没有时间陪你。”“女儿呀，你要乖乖的，这样妈妈才不会担心。”女孩理解妈妈的工作艰辛，在家里也表现得很乖，尽量不让妈妈操心。

这就像一片干涸的土地在需要雨露滋润的时候，为了不增加雨露的负担，选择了压抑自己的需要。女孩原本就是缺爱的孩子，在日常生活当中渴望得到关爱，但大多数时候并不如自己所愿。我不由得暗自感慨。这时，她的声音打断了我的联想，只听她说道：“在学校里，我很想和同学们一起玩的，但是他们都不跟我玩。”

“为什么?”我们惊讶地问她。

“他们都觉得我丑，因为我是兔唇，大家都觉得我是个怪物，都不想和我玩，疏远我、说我的坏话。”原来她唇上那道细细的疤痕是兔唇修复手术后留下来的。

“你妈妈或者老师知道这种情况吗?”我们问。

“妈妈很辛苦，我不想让妈妈担心。我和老师说过同学在学校欺凌我的事情，但是老师没有理我，可能是因为我的成绩很差吧。”女孩低下了头。

“妈妈一直都不知道你在学校里的事情?”

“直到我患上抑郁症的时候，妈妈才知道我在学校被别人欺负了。”

“老师为什么不理你呢? 是因为你成绩不好而不相信你说的话，还是有其他原因?”我用温和的语气试探地问她。

女孩微微一愣，眼睛瞥了瞥我，说:“我也不知道。”

后来，我们听医生说，女孩从小就是一个性格安静的孩子，平常交往的朋友也比较少，她曾经和同学打过架，起因是那个同学说她是怪物，说多了，争执也随之而来。有一次她很生气，就和同学打了起来。班主任问她原因，她闭口不说，那个同学也不说实话，而说是女孩先动的手。班主任是一位年轻老师，并没有去深究其中的缘由，于是这件事情就让老师对她产生了不好的印象，虽然也考虑到女孩的特殊情况，没有惩罚她，但是事后并没有和女孩妈妈进一步沟通。加上女孩在班上的成绩属于倒数，班主任对她的总体印象就更加糟糕了，以致女孩去跟班主任说起她受到同学们排挤的事情时，班主任认为原因更多来自女孩自己，并未进行更深入的了解和处理。被排挤的时间一长，仅有的几个朋友也不跟女孩玩了，她愈发地内向、沉闷，最终，她抑郁了。

“到后面，我也不在乎校园欺凌这事了，我觉得那些人很幼稚，都不理会他们了。”她仿佛不在乎地摆摆手说道。

听医生说，女孩其实不是不在乎。我们也认为，她不是不在乎被别人欺凌，而是自己没有办法去改变，就只好在内心欺骗自己这些事情从来没有发生过，把外界的攻击排除在自己的意识之外，以维持内心的平衡。这种防御措施就是压抑，压抑需要持续地消耗自我能量。当自我不够强大，但又要压抑大量强烈的想法和冲动时，若没有持续性的能量补充进来，她的防御就会逐渐衰弱，一旦被攻破，对外界的抵抗力就会下降，外界的攻击多了，人就会生病，就会陷进“漩涡”里。

我们顺着她的说法继续问她：“你有没有再向其他人求助呢？或者发现自己的状态与之前有什么不一样的地方？”

她摇摇头：“没有再去找别人了，自己不在乎应该挺好的吧。我也没有觉得自己有很大的不同，只是觉得比之前更不想说话了，也更不喜欢和人接触了。”她说得云淡风轻的样子，但我们听的人都很沉重。她才十四岁，在人生最应该朝气蓬勃的时候，却患上了抑郁症，待在这病房里。在陷入泥潭的时候，她向外界求助过，但是并没有得到有效的回应和相应的帮助，那时候她的心里应该很煎熬、很绝望吧……

医生告诉我们，这个女孩患抑郁症是由多方面的因素造成的，家庭因素、校园欺凌、教育歧视等都是直接的影响因素。

女孩还和我们谈到，她在学校没有交到好朋友，却在病房里交到了知心朋友，她的朋友们都出院了，只剩下她还在这里。她很高兴地给我们翻看了和病友之间的聊天记录，她们相互袒露自己无助、绝望的一面，也相互鼓励、关心，因为她们能够理解彼此。很多人说可以理解别人，可以感同身受，但是有一些痛苦只有自己真正经历过，才能理解究竟有多痛。在她们的聊天记录里，我还看到了一些自我伤害

的照片，这让我很替她们担心——病友之间也会有负面的影响，比如说坏的情绪可能会相互传染。女孩和她的朋友们需要外界的鼓励和关爱，在平常的生活中，当身边的人患有抑郁症时，我们不要用异样的眼光去看待他们，而应该鼓励、关心他们。更重要的是，不要等到他们患病时才去关爱他们，在平常就要与他人友好相处，不孤立、排挤他人。精神有缺陷的人并非异类，和正常人一样，他们也有对生活美好的憧憬。

尽管我感受到女孩仍然很忧伤，但我相信她不会一直被困在“漩涡”里，在心理医生的帮助下，总有一天她会回到与我们一样有着酸甜苦辣的日常生活中。

“畅聊者”的生活

那是一间比较拥挤的病房，我们刚刚踏进去，便看到一位五六十岁的阿姨坐在窄窄的过道里削着苹果，床上的男子看上去四十多岁，他以惬意的姿态躺着看电视，等待旁边的阿姨削好苹果。阿姨注意到了我们，朝我们微微笑了笑，我们向她打听这病房里有没有一位李先生。这时躺在病床上的男子马上坐起来，跟我们自我介绍说他就是“李先生”。我们表明了身份，阐明了来意。他一听是来找他聊天的，很爽快地答应了。他的热情反倒让我一瞬间有些怀疑，他是患者吗？但是很快，我就发现了不对劲的地方，和之前我们接触的其他患者不同，他表现出超乎寻常的热情。之前接触的患者，都是由我们来主问，可现在，最先发问的不是我们，而是他。

“畅聊者”兴奋地发起了第一轮提问：“你们是哪个学校的？学什么专业的？是不是学医的？”“你们是不是准备毕业了？要来医院工作了？”“你们喜欢运动吗？”……连珠炮似的问话让我们根本就插不进嘴。我们看到他情绪激动且高昂，所提的问题越来越多，猜测他可能是躁狂发作了。由于时间有限，为了了解到更多想要的信息，我们首先要做的就是让他“刹车”，但又不能激怒他，于是我们趁他稍作停顿的间隙，打断了他的滔滔不绝。

“李先生，李先生，慢点慢点，我们跟不上你了，我们一个个问题回答你呀。”我们笑着说。他眯缝着眼睛看着我们三个，盯了一会儿，我们赶紧简要地回答了他的一些问题，然后问：“你是因为什么来到这里的？愿意跟我们讲讲吗？”

“畅聊者”给我们讲述了他的故事。他今年三十三岁（当他说出自己的实际年龄时，真让我大吃一惊，他长得太成熟了，以至于我刚见到他时以为他四十多岁了)，是家里的独子，父母都是公职人员。初中一年级时，他被当地医院诊断为社交恐惧症，那时候的他很内向，常常独来独往，不敢和身边的同学交流。他很害怕别人的拒绝，也担心自己融不进同学圈子中，更害怕成为大家关注的焦点。在确诊前，他总是躲躲藏藏、小心翼翼的，像一只惊弓之鸟，时刻紧张地关注周围的世界，同学多看他一下，他就会非常紧张、焦虑、恐惧，而且在夜深人静独处时又会表现得很抑郁，总是处在紧张、焦虑、恐惧、抑郁和烦乱中。

一开始被诊断为社交恐惧症时，由于年龄小，他根本不懂是什么因素导致了自己的恐惧症，反倒以为是自己做错了什么，因此内心有很强烈的羞耻感。休学在医院治疗了几个月后，他慢慢地对社交恐惧症有了一些了解，知道自己对外界的反应不合理，同时也知道自己的心理患病了。他下定决心不让自己一直这样下去，积极配合治疗，后来他的社交恐惧症得到了很好的改善，也得以返回学校。他告诉自己要改变内向的性格，慢慢地他变得很活跃，经常去找人聊天，或者

去听别人聊天。父母也告诉他要多走出去，不要老自己一个人待在家里。

然而好景不长，高三时，他因为持续的情绪亢奋，又被送到了当地的精神病专科医院，并被诊断为躁狂症。在学校时，他话语非常多，常常和同学们高谈阔论，一般都是他在说话，旁边的人则听着，他觉得自己学习很厉害，自我感觉特别好；当别人没有采纳他提出的意见时，他就会勃然大怒，有一次还掀翻了同桌的桌子，两人为此大打出手，同桌被打伤。因为这事，他又在精神病专科医院住了小半年。经过治疗，他的症状得到缓解后出院。又过了几年，他开始由躁狂症转为双相障碍，随着2020年新冠疫情暴发，他又患上了强迫症。他没有结婚，从2008年开始就失业，因为找工作时，别人一知道他曾经患过精神病，就将他拒之门外。讲到这里，“畅聊者”停下来，说：“我觉得很愧疚，我拖累了家里。”其间他曾找过一份卖保险的工作，“我知道自己社交能力不行，想通过这份工作来锻炼锻炼自己。”然而，才勉强做了两周，他就放弃了。在整个聊天过程中，他旁边坐着的阿姨（后来我们了解到阿姨是“畅聊者”的妈妈）一直静静地听着，没有插话，等“畅聊者”起身去排队接受治疗后，阿姨冲我们笑了笑，轻轻地摇了摇头，说：“唉，他想太多，有时候人家说他两句都不得，说他了，他就开始逃避或者自己发脾气。”

在听“畅聊者”讲他找了一份卖保险的工作时，我有些疑惑，他不是有社交恐惧吗，怎么还会选择卖保险的工作呢？想起之前带教医生叮嘱过，对患者的陈述内容要保持理性的态度，既不要急于去跟患者辩论，也不要轻易被患者带偏。后来跟带教医生讨论“畅聊者”这个案例时，我把这个疑问提了出来。带教医生把我的问题再往前延伸了一步：“是啊，李先生既然知道自己不适合社交性要求高的工作，那不干卖保险的工作后，为啥不去再找一份更适合自己的工作呢？”

当然，患有精神疾病的人去找工作确实会遭遇很多不同于常人的压力，毕竟现在大众对精神病患者的包容度还是非常有限的。

“红衣男孩”的不舍

封闭式病房里的患者通常病情较为严重，但也会有一些轻中度的患者，他们是因为家属无法陪同，所以安排在封闭式病房，由医护人员全程关照。

在这里，我遇到的第一个患者是“红衣男孩”，他穿了一件红色的衣服，鲜艳的红色特别容易引人注意。他是因为患躁狂症来到这里的，处于恢复期，病情控制得很好，也是封闭式病房里恢复较好的患者之一。在这次住院前，他曾因一次躁狂发作在儿童青少年病区治疗了两个月，情况稳定后回到家里休养。刚见到他的时候，我感觉他和正常人无二样，不像我接触过的躁狂症患者李先生那样健谈，对和我聊天也没什么兴趣，表现得敷衍。在我和他说话的时候，他像一个老大爷一样把一只脚抬到凳子上翘着，眼睛看向别处，并不想和我有眼神交流。我笑着对他说：“看到你，我就想起了我弟弟，他和你很像，我们很久没有好好聊天了。你有没有兄弟姐妹呀？”他这才放下脚并转向我，说他也有一个姐姐。果真，对孩子来说，家里人是他们内心最柔软的地方，一提到家人他们就会放下心中的防备。

在接下来的聊天中，我大致了解了“红衣男孩”的一些情况。他生活在农村，可能是缺少隐私保护意识，也可能是村里人都有着七绕八弯的亲戚关系，在上一次住院治疗并回到家里休养后不久，村里人都知道他患上了精神疾病。一些迷信的老人说他被鬼怪附身了，以讹传讹，慢慢地，村里人开始排挤他，甚至还有人当面嘲讽他，拿他开玩笑，男孩的遭遇成为他们茶余饭后的谈资。“红衣男孩”本来就是

一个开朗活泼的人，而当躁狂发作时，他的精力更加充沛，言语增多像个话痨，行为更加活跃，情绪更加高涨，冲动易怒。有一次他看见几个小男孩在玩耍，便凑上去围观，不一会，他就嫌那几个小男孩动作太慢太笨拙，开始指手画脚并去抢他们的玩具。那几个小男孩很不喜欢他，大声说他是神经病并赶他走。他激动得破口大骂，追着去打这几个孩子，最后跟孩子们的家长也发生了冲突，这更让他觉得周围的人因为“嫉妒”他而要加害于他。

这时候，我想起老师在课堂上讲过，情感性精神障碍的治疗以药物为主，于是我问他：“你在出院后按照医生的叮嘱吃药了吗？”他停顿了一会，回答：“没有。”我追问：“为什么不按医生的要求按时吃药呢？这病不按时吃药很容易复发的。”他说：“我觉得我好了呀。吃那个药，恶心想吐，难受。”就这样，一方面是他擅自减少药量到后来自行停止服药，另一方面是身边的人对他冷嘲热讽，导致他的病情越来越严重，再一次被送来住院治疗。交谈中，我发现我好像慢慢打开了“红衣男孩”的心灵之门，他的眼神变得柔和，问他什么都会认真地回答，对我的态度也从一开始的敷衍变得有些依恋，后来我要离开病房时他还有些依依不舍，跟着我送到门口。我心里很不是滋味，又不知还能对他说些什么，只好再次告诉他要听医生的话，按时服药，然后掉头就走了，强行让自己不回头看他。

躁狂症、双相障碍、抑郁症都属于情感性精神障碍，这类精神疾病的治疗并非一劳永逸，也就是说，就算急性期的治疗是有效的，症状和体征都稳定了下来，哪怕症状消失，也不意味着治疗就结束了。精神类疾病和感冒不同，药物治疗只是暂时抑制了症状，但并不能立即纠正病理和生理的异常，因此精神类疾病必须重视维持治疗。很多患者及其家属并不清楚这一点，通常在症状消失后就以为病也好了，再加上服用一些抗精神病药物时副作用明显，患者会有胃口不好、睡眠质量差等药性反应，因此他们经常无视医生的用药叮嘱，擅自减少药量或直接停药，导致病情复发。当然，值得注意的是，在对情感性精神障碍患者进行药物治疗的同时，不要忘记结合心理治疗，药物治疗是对症状治标，心理治疗才是治疗的根本。而且，对患者及其家属进行家庭教育也是治疗的重要组成部分，通过家庭教育，一方面可以提高患者对疾病的认识，增强患者战胜疾病的信心，提高患者对治疗的依从性；另一方面则可以帮助患者获得更多来自家庭的支持和有效的帮助。由于精神疾病的特殊性，目前社会上对精神病患者还有很多误解，要在短期内消除精神疾病的病耻感，让人们改变对精神病患者的态度，难度还很大，但是如果患者的家属能够给予他们情感上的支持，就可以大大减轻他们的心理压力。特别是对青少年来说，家人能督促他们正确地服用药物并给予情感关怀等都会大大提高他们康复的可能性。在与“红衣男孩”交谈的过程中，我能感受到他对家人的依恋，也能感受到他对情感的渴望。当我叩开他的心门时，他的态度就由原来的心不在焉变得真诚、不舍，尽管我跟他相处的时间不长，但我真诚地希望他的家人能多关爱他，陪伴他共渡难关。

家庭之殇

自古以来，母亲就是伟大的象征，但母亲作为人生中的一个重要角色，也有着称职和不称职之分，在孩子心目中的地位也不一样。很多时候“母亲”这一角色没有经过预演和培训就直接走马上任，因此很多母亲在“任职”的道路上摸索前行。在这次见习中，我遇到了两个正处于豆蔻年华的女孩，但很不幸的是她们都因遭受到母亲的家庭暴力而患上了重度抑郁症。

“卷发女孩”是我在封闭式病房遇到的一名患者，她有着一头抢眼的卷发。第一眼看到她时，我便觉得这个小女孩很可爱，她长相乖巧，一副人畜无害的样子。一开始她并没有参与到我们见习生和患者的聊天当中，只是静静地坐在旁边看着我们。我不忍心看她一直孤单地待在旁边，便来到她身边。在和她交流的过程中，我知道她的信息越多，共情就越强烈。

“卷发女孩”是家中的独生女，今年十一岁，在外人看来她的家庭和谐友爱，但事实上暗潮涌动。在她小学三年级时，不知何种缘由，妈妈开始对她进行有意无意的责骂。“年龄小，未经世事”，妈妈开始责骂她的时候，她以为是自己做错了事才惹妈妈生气，由于性格比较文静内敛，她没有把这些事情告诉爸爸。但慢慢地她意识到并不是自己的问题，可能是妈妈工作不顺心吧。令人痛心的是，她的安静与忍让换来的却是妈妈越来越严重的伤害。妈妈开始打她，甚至打出很多瘀伤，渐渐地，她产生了伤害自己的想法。刚开始她只是掐自己，后来用小刀划伤手臂。其间“卷发女孩”的爸爸发现了她被妈妈家暴的事情，但是他并没有第一时间安慰她、保护她，反而“语重心长”地对她说“家里有一些打骂很正常”。直到她又一次在被妈妈打骂后严重伤害自己，爸爸发现后把她送来了医院。由于爸爸不能陪她，她便住进了封闭式病房，爸爸偶尔来看了她几次，但每次时间都不长。在和我交谈的过程中，女孩脸上自始至终都没有笑容，她的表情一直很沉闷，我感到又震惊又难过。

我问“卷发女孩”：“妈妈打骂你的时候，爸爸没有帮助你，那你有没有想过向别人求助？”她想了想，告诉我因为打她的是自己的妈妈，爸爸也说家长打骂孩子很正常，她想也许别人家的孩子也是这样的。她说在很痛苦的时候，会跟男朋友倾诉。我很惊讶她这么小就有了男朋友。她说男朋友跟她一样年纪，由于两个人都涉世未深，遇到这种情况也不知道该怎么办，只是在她被妈妈打骂受伤之后，男朋友都会安慰她；在晚上她因为害怕出现幻觉的时候，也会打电话给男朋友缓解一下情绪。“我在家里感受不到爸妈的爱，交男朋友就是为了找一个爱我的人，不然我真的觉得活着没有什么希望了。”事实上，也许是男朋友的关心，给了她一点留念世界的希望。我不由得感慨万分，她还只是个孩子，说出来的话却这么沧桑。虽然她和那个男孩子之间所谓的爱不同于成年人之间的爱情，更应算是一种带有青春期萌动的友爱，但是这种友爱依然像黑暗夜空中的一道闪电，照亮了她黯淡的心房，给她的生命注入了一些希望。

“卷发女孩”说她在夜晚常常会一个人蜷缩在被子里，她害怕看到外面的世界，觉得被子里很安静，不会被骂也不会被打。我好想抱抱她，给她一些温暖，但又担心会引起她的不适，犹豫之下，我伸出手轻轻地摸了摸她的头。

其实，最后我想告诉她，当你遭受伤害的时候，一定要学会寻求帮助，不要默默忍受，沉默和安静带来的只会是持续性的伤害。生活中我们要学会保护自己，只有保护好自己才有机会、有能力去过我们喜欢的生活。“学会保护自己”，每一个孩子从小都被父母或者身边的人教导过，但是当伤害自己的就是至亲时，该如何保护自己呢？我也回答不出这个问题，更何况，她年纪还那么小……

“卷发女孩”让我想起了在儿童青少年病区见到的另外一个同样有着乖巧模样的女孩，医生带我们去查房和她交流的时候，她的双手全程都在颤抖，因此我叫她“手抖女孩”。

“手抖女孩”留了一头有着齐眉刘海的短发，看上去敏感纤弱。她生活在一个大家庭里，有爸爸妈妈、姐姐弟弟，外公外婆也经常来家里住。爸爸是上门女婿，性格属于耙耳朵类型，妈妈在家里则是“女王”级人物，说一不二，家里人对孩子学习、生活的要求都很严格，做错事情就会被罚跪、面壁。女孩和姐姐弟弟要上各种各样的补习班和才艺班。她的才艺班并不是自己喜欢学的，而是妈妈替她选择的。望子成龙、望女成凤，是每个家长对自己孩子的美好期望。显然，女孩在这些重压之下出现了不适应，学习成绩开始下滑，生活上也频频犯错，妈妈就罚她一个人在房间里面壁思过。

然而，妈妈对她的惩罚并没有奏效，她不仅才艺没有提高，成绩反而愈来愈差。妈妈很生气，当着全家人的面罚她跪，没有人能够阻止妈妈，慢慢地大家也就习以为常了。女孩刚开始患上抑郁症时并没有人发现她不对劲，后来她出现了幻觉和幻听，夜里会看到妈妈拿衣架打她，还会听到妈妈骂她不好好学习、不上进。但家里人仍然没有发现她的异常，直到有一次她自杀，才被家里人发现并送来医院，最后被确诊为重度抑郁症。医生对她例行检查问诊时，她的头一直低垂着，手也一直在颤抖，医生问什么，她就机械地回答什么，有时候甚至要问几遍她才可以说清楚。虽然我站在离她比较远的地方，但是当我看到她惶恐憔悴的样子时，莫名有一种心疼的压抑感。“手抖”是她患抑郁症躯体症状的一个表现。我们后来才知道，她那个基本能够回答医生的问题的状态，已经比她刚入院时好了很多。

“卷发女孩”和“手抖女孩”，都是由于家庭教育不正确导致的重度抑郁。我认为，每一个孩子都有他们自己想要走的道路，父母不应该将自己的意愿强加在孩子身上。孩子并不是一个物品，他们有自己的思想和情感，父母直接剥夺他们选择的权利，是一种很不尊重孩子的做法。同时，我也在思考，怎样才是一个称职的母亲和称职的家长。

五个患者，五个故事，我在见习中遇到了他们，感恩遇见，但我并不希望他们的遭遇重现，这些都是痛苦的经历，我记录下他们的经历、故事是为了时刻保持一份警醒。这五天，带给我太多的思考，太多的感触。这世间，青山灼灼，星光杳杳，晚风慢慢，爱与支持，陪伴与放手，是情感“精灵们”的渴求与奢望，又何尝不是我们每一个人都需要去培养的能力呢？轻轻放下今日的沉重，明日将迎来万丈光芒。

少年之殇

李小倩　曾玲娟

愿你眼里有光，心中有海，永远向阳，目之所及皆是星辰大海，心中所期皆是春风十里。在经受人生的磨砺与坎坷后，仍有一颗炽热的心，温暖自己，温暖别人。

见习已经结束，要记录些什么呢？虽然是短短五天，似乎见了很多人，但是真到坐在电脑前准备敲击键盘时，才发现心头万绪，十指悬空，点击不下去。我重新缩回椅子靠在椅背上，闭上眼睛，渐渐地，三个少年的身影重重叠叠地浮现在我的脑海中。对，我就写一写他们吧。

“烦躁少年”

森田病区和儿童青少年病区共用一个院落，空间开阔，空气清新，里面有几栋独立的楼房，可能是出于照顾患者的考虑，每栋楼的楼层并不多，整个病区环境很好，就像一个充满生活气息、景观设计优美并带有独立公园的生活小区。

我们到医生办公室报到后，便跟随医生前去查房。在医生和患者交流的过程中，我发现这里的患者有不同于其他病区患者的反馈，比如有些患者会说自己整晚睡不着，感觉脑子里面有声音，还有些患者被陪同家属反馈晚上自言自语，不停地说话……

查完房，大多数患者去吃早餐了，我们又跟随医生回到办公室。医生开始整理病历，我们也在旁浏览，从中了解患者近期的病情。患者刚入院的头几天，医生需要每天详细记录病情，之后隔两天记录一次，持续几次后，隔五天再记录一次，直至患者出院。

在我们浏览病历的时候，护士过来说有患者要来办理入院手续，医生停下手上的工作，让护士带患者过来。这是一对母子，男孩比较沉默，有些内向，当医生跟他说话时，总会有意无意地先看看妈妈，显得有些胆怯。于是医生请妈妈先回避，在外面等候，只留下男孩。妈妈出去后，医生开始询问男孩："你怎么了？是因为什么来住院呢？"

男孩迟疑地回答："我感觉很烦躁，真的很烦，我不知道自己怎么了。"

医生换个话题接着问："你今年多大了，读高中，还是？"

"我现在读高二，十七岁了。"

"你在学校怎么样？成绩好吗？"

男孩有点激动："我成绩一开始挺好的，但是这段时间直线下降，特别是文理分科之后，跟舍友关系不太好，相处不来，很烦躁。"

医生停顿了一下，问："跟舍友相处不来，是发生了什么事情吗？"

男孩有些不安地说："我身体不太好，夏天不能吹太凉的空调，但是舍友每次都把温度调得很低，而我的床位又正好在空调的出风口处，和他们说了几次，还是协调不了，后面就因为这个事情大家闹得很不愉快。后来妈妈给我送了被子到宿舍，才停止了关于空调温度的争吵，但是我和他们的关系就一直不好了。”

医生点点头，问：“那成绩为什么下降？又为什么会想来这里住院呢？”

男孩说：“因为跟舍友关系不好，班上的男生都孤立我，不跟我来往，我性格又比较内向，不会主动与他人交流。慢慢地，人变得很烦躁，学不进去，成绩很快下降。最后妈妈给我办理了休学，来这里治疗。”

医生又问：“那你跟家人关系怎么样？学校的这些情况跟你的家人说过吗？”

男孩有些犹豫，说：“和家人关系还行吧，但是妈妈好啰嗦，这也管，那也管的，我感觉很烦躁，就不想跟她说学校里的事情。”

医生点点头：“好的，我大致了解了，你先出去等一下，我跟你妈妈聊一聊，你同意我把这些聊天内容告诉你妈妈吗？”

男孩点点头，马上又摇摇头：“你可以跟她说一点，不要全说。”然后缓慢站起来转身走出去。

妈妈走进来急切地问：“我儿子怎么样了？”

医生说：“你先别激动，坐下来，我慢慢跟你说。你儿子和你说过他跟室友之间的关系不好吗？你知道他在班上的情况是怎样的吗？”

妈妈坐下来，立马回答：“他与舍友关系不好，这个我知道，至于他在班上其他的情况，我不太清楚。我是单亲妈妈，要上班，又要照顾他，有时太忙了，根本顾不上他，也不知道该怎么问他。”

医生又问：“他平时在家里有什么特殊的举动吗？或者是你感觉不太正常的事情之类的，有吗？”

妈妈回忆了一会，说：“他在家还好，但是他经常一个人待在房间里，我也不知道他在干什么，可能是在玩游戏吧。对了，他这段时间有一个很诡异的举动，就是会自己一个人在那说话，不知道在跟谁说，说得很小声。我一问他在说什么，他就回答‘没有啊，我没说话’，看样子也不像在说谎，很奇怪。”

医生跟妈妈说：“好的，我了解了，你先带孩子去办理住院手续，我们晚点再聊，可以吗？”妈妈点点头，带着孩子离开了办公室。

医生回过头来跟我们说：“你们对这个孩子有什么看法吗？”

“他好像很怕他妈妈，妈妈在旁边时，他就不想说话，坐立不安。”

“是的，尽管刚才接触他的时间很短，但还是可以看得出这个孩子有焦虑、抑郁的情绪。你们刚刚有没有注意到他在跟我说话时的肢体动作，一开始沉默不语，不自觉地抠弄自己的手指，全程低着头，心理比较敏感，有些问题他要经过好几秒才能反应过来，而正常孩子一两秒就能反应过来了。可能是因为家庭的关系，他性格比较内向，具体的一些症状，还要继续观察了解。”

依据患者的面部表情和肢体动作，并在聊天过程中仔细观察，才可能抓住一些症状的关键点，并探究其更深层次的原因。聊天技巧很重要，我暗暗在心里记下了这一点。

“神秘女孩”

在病房里，我遇到了一个女孩，她身上有一种安静又忧郁的气质，略带几分神秘感，让我忍不住想跟她聊一聊。我轻轻地走到她身边，跟她打招呼：“你好，我可以跟你聊聊吗？”

女孩点点头。我问她：“你多大了？在这里多久了？是因为什么而住院呢？”

女孩淡淡地说：“我在这住了半个月了，我是抑郁症患者，今年十四岁。”

我想起了那个办理入院的男孩，这个女孩刚好也是抑郁症患者，但让我感到诧异的并不是这种巧合，而是她说话的语气，一个十四岁的孩子，语气却老气横秋，一种无所谓的感觉，像一潭死水，毫无波澜，似乎在说别人而不是说自己。我压下内心的诧异，接着问：“那你生活中发生了什么事，让你来到这里？”

“因为父母、学校、同学。”

“你介意跟我说说吗？如果介意的话，你不想说也不要紧的。”

女孩看了看我，思考了一下说：“好。我现在在上中专，然而这并不是我自愿的，是父母在我不知情的情况下，帮我转了学，选了专业，直到开学的那一天我才知道自己不在原来那个学校了。”

我很惊讶，十四岁正常来说还是初中生，她竟然已经上中专了。“你父母都没有跟你商量过吗？”我问。

女孩摇了摇头说：“没有，什么都没有！我也没有任何抗拒，接受了他们的安排到了中专学校。第一个学期还好，但是到了第二个学期就不行了，因为我学不会，一点都不会，我想转专业，跟父母讲了好几次，他们根本就不同意，我就很烦躁。”

“那你跟老师、同学说过吗？可以请求老师帮忙去跟你父母说说吧。”

“没有，我跟同学关系非常不好，跟老师说过但是没有用，而且还帮了倒忙。”

“怎么了？”

“我表哥正好和我同一个班，但他总是讽刺我，还经常拍一些我的视频和照片发给我妈妈，就像在监视我一样，很烦。他虽然只在班上待了一个学期就转校了，但是他走了之后还让班上其他同学拍照发给他，我很恨他。你知道吗，他真的很烦！”

“有没有可能他是在关心你，但你讨厌这种方式？你的老师呢？”

“我那段时间真的很烦躁，学不进去，爸妈不同意转专业，跟班上同学关系又不好，感觉所有不好的事情全部都堆在了一起，非常崩溃。你知道吗，我去找班主任诉说，想让她帮帮我。但是她没有，还告诉了校长，然后校长找到我父母，让我写保证书，最后整个学校的人都知道我了。”

“为什么要你写保证书？”

“校长说怕我想不开，做出损坏学校声誉的事情，因为那段时间我的情绪状态很不好。”

就这样，她不管走到哪里，都感觉有人在对她指指点点，同学们像躲避瘟神一样回避她。

后来她感到越来越压抑，不跟任何人说话，也不与父母交流，对老师的关心和询问置之不理，最终老师建议父母带她去看心理医生。

她有些嘲讽地说道：“医生让我填了一个表，其实之前我也填过类似的表，只是结果有些不同，之前的结果是轻度抑郁，而现在是重度抑郁罢了，然后我就跟着姐姐去医院治疗，最后来到了这里住院。”

我轻声问道："那你之前没有跟你父母说过，你有轻度抑郁吗？"

她露出无奈的表情，说道："告诉他们有什么用？他们只会觉得我矫情，何必跟他们说呢。"

我心中有一种说不清道不明的酸楚，总觉得她应该有更好的解决途径或者求助选择，我不知道她的父母是否真的会无视她的状况，甚至嘲讽她的"矫情"。也许这中间出现了沟通的障碍，这种障碍的形成固然跟父母有关，也跟青少年心思多变的特点有关。

"青春男孩"

一走进封闭式病房，我就感到有一种扑面而来的压抑，后来我才明白这种压抑来自里面的一道道铁门。与其他病区相比，这里看管更加严格，出入都会有一道铁门，医护人员必须随时上锁，没有医护人员的陪同，外人根本无法进入这个病区。我在这里见到了"青春男孩"，他给我的第一印象和在大街上或校园里见到的任何一个少年都没有区别。正值青春期的男孩都很在意自己的外表，他也不例外，上身穿白色T恤，下身着黑色中裤，非常清爽、整洁，洋溢着青春的气息。由于他年龄跟我弟弟差不多，我便多留意他。

午休之后，医生告诉我们："我安排了一个患者与你们聊聊，等下你们就可以见到他了。"这个患者就是我之前看到的"青春男孩"。或许是我们人太多了，他好像很久没有看见过这么多陌生人，不时从医生背后探头打量我们，整个人就像一只受惊的小仓鼠，既好奇又害怕。准备开聊时，我们也安慰他："我们随意聊聊，别紧张，就像跟朋友聊天一样。"他点点头。

小江问："你看上去跟我弟弟一样大，现在是读初中还是高中？

在这里多久了？”

男孩语速缓慢地回答：“我现在读高二，住了两个星期了，我很想回家。”

“你是想回学校还是想爸妈了？是因为什么而住院的呢？”我轻声问。

男孩神情欢快但口吻气愤：“我想我表弟了，特别想，他肯定也想我了。大家都说我有精神病，我才来这看病的。来医院的那天，我看见有一个人在和护士争吵，那个人说话很难听，而护士非常耐心地向他解释，他却还不依不饶。我气不过，就冲上去跟他动手了，然后就被绑起来住在这了。”

小林接着问：“你是因为这个事情冲动打架而被绑起来住院的吗？我们看过一些关于你的资料，上面说到毒品，那是怎么回事呢？”

男孩有些激动地说：“是的，毒品！有一天我去找我的一个发小，看见他在吸毒，就想拉他到派出所自首。”

我问：“你真的带你的发小到派出所自首了？”

男孩答：“本来已经到派出所门口了，我不知道想起了什么就没进去，至于为什么，我也不记得了。”

小江疑惑道：“发小吸毒，被你发现了，他的家人没有发现吗？他们怎么不带他去自首呢？”

“怎么可能？我们整个村的人都在吸毒，大家互相包庇，怎么会去自首？”男孩快速反驳。

我震惊地说：“不会吧，怎么可能这么多人吸毒，警察不知道呢？”

男孩没回答我，而是说起了另一个话题：“我舍友也吸毒。”

我问：“那你跟舍友的关系怎么样？你又是怎么知道他吸毒的？”

男孩回答：“跟他们关系不好，就因为我打呼噜，他们几次三番想跟我动手，小气鬼！那天晚上，我回到宿舍比较晚，想要上厕所，但是舍友在厕所里很长时间不出来。我在厕所门口突然听见打火机的声音，然后舍友打开门快速走了出去，表情很紧张，我走进厕所却没有闻到烟味，他不是吸毒是什么。”

“你怎么会觉得他就是吸毒呢，有没有可能是其他事情？”小林反驳说。

“这不是第一次了，还有人想害我去吸毒呢！有一次我点了螺蛳粉的外卖，粉上面有白色粉末，不是毒品是什么？还有我晚上喝奶茶，之后一整晚都睡不着，特别兴奋，这肯定是被人下毒了啊！”男孩回答。

我解释说：“晚上喝奶茶，的确很难入睡，因为茶里有提神的物质，所以这是很正常的。”男孩并没有回应我。

我接着问他：“那你跟家人关系好吗？”

他毫不迟疑地说：“不好！爸妈都不喜欢我，只喜欢我哥。”

小江问：“为什么这么说呢？”

“因为我哥去当兵了，他们整天和邻居谈论我哥，从来都没有说起过我，我好像不存在一样，去哪里他们也从来不管我，不问我，只顾忙自己的事情。”

小林有些怀疑：“有可能是你哥不在家，你父母见不到他，只能通过与别人交谈来想念他，而你就在他们身边，便不用说关于你的事了。”

男孩似懂非懂地点点头，突然抬头看向我们并小心翼翼地请求：“你们能不能跟我的主治医生说一下，我想出院，我现在已经没有问题了，很正常了，或者让我打电话给表弟，我真的很想他。”

看着他楚楚可怜的样子，我真有一种想马上递手机给他的冲动，但想起之前医生叮嘱过不能随意答应患者的请求，我只好说：“你的主治医生现在有事情赶不过来，等晚点回来了，你再自己跟他说，可以吗？”

他垂下头来，很失落地轻轻点了点头。

小林安慰道：“等你好起来，再过段时间就可以出院了，所以一定要好好配合治疗。”

谈话到此就结束了。

回想起来，在与男孩交谈时，他似乎并没有什么问题，对我们的提问都能对答如流。回到办公室，我找带教医生要来了男孩的病历，看完恍然大悟，原来没有问题其实就是他的最大问题，他根本察觉不到自己说的很多内容其实都是虚幻的。他有严重的被害妄想，发小吸毒、村里人吸毒、舍友吸毒，以及别人在他的螺蛳粉和奶茶里下毒，这些都是他的妄想。妄想是一种患者坚定不移、不能被说服，与患者的文化、教育背景和环境无关的病理性信念，内容常常荒谬且缺乏现实基础。在疾病初期，患者对自己某些明显不合常理的想法可能会将信将疑，但随着疾病的进展，患者的思维逐渐与病态的信念融为一

体，坚定不移，并逐渐泛化。在各种类型的妄想中，关系妄想、被害妄想和非血统妄想等最为常见。在和“青春男孩”交流的过程中，我们从他嘴里听到最多的就是“吸毒”“下毒”，并且他还会将妄想泛化到交往的各种人身上，这是一种非常典型的被害妄想。

这三个少年，都是在最美的花季年龄出现在精神病专科医院的病房里，而且“青春男孩”还明显缺乏对疾病的自知能力。在他们的故事中，都提到了他们的至亲之人——父母，也都感觉自己受到了来自父母的“伤害”。“烦躁少年”认为妈妈啰嗦，什么都管；“神秘女孩”认为父母无视她的状况，只觉得她矫情，根本无法沟通；“青春男孩”则认为父母太偏心，只爱哥哥而不爱他。在此，我并无意去指责他们的父母，因为在这个世界上，绝大多数父母都是爱自己的孩子的。快速的生活节奏、光怪陆离的大千世界，作为成年人的父母也容易迷失，更何况未经世事的少年，我们越来越难以用一种“静待花开”的心态去看待人和事。

每一片叶子，都静静地在树枝上沉淀阳光和岁月，每一个少年，都不应是人生道路上的孤独旅客，父母是他们的依靠和坚定的陪伴人，不必苛求每一位父母都是高明的寻路人和睿智的领路者，他们只须有温柔陪伴的行动和开放接纳的心态。当孩子光芒四射时，欣赏他耀眼的美好与力量；当孩子遇到困难时，陪伴他把这一段岁月熬成清茶，等一场芬芳四溢；当孩子“意难平”时，牵着他的手教他学习如何自己“哄”自己，把自己劝明白了，就什么都解决了。人生何尝不是这样，繁花似锦觅安宁，淡云流水度此生。为人父母，是一场生命的修行，这场修行一定是和孩子共同完成的。

心中有暖，人生不荒凉

卢小珍　曾玲娟

曾经的我以为只能在影视剧中看到被演绎的他们，而我真正接触后，发现他们如青春小鸟般可爱与活泼，可是他们为什么会停滞不前呢？这是一场心与心的交流，情与情的交融。

说实话，学习变态心理学这门课程本身就让我兴奋不已，因为都是自己很感兴趣的内容，谈到这门课程的见习经历就更令人激动了。很久之前，大家普遍认为精神病医院能躲远点就躲远点，但我一直好奇，那里到底跟普通医院有什么区别，那里的患者又会是怎么样的呢？当老师说到见习的一些注意事项，特别是说到封闭式病房时，我又开始害怕了，怕自己的话语或行为会影响患者的情绪，所以见习前我的心情就像准备坐过山车那样，既期待又害怕。

很多人在面对精神疾病或心理疾病的患者时，都会以一种旁观者的姿态来看待。我想起了之前看的电视剧《我们与恶的距离》，它从

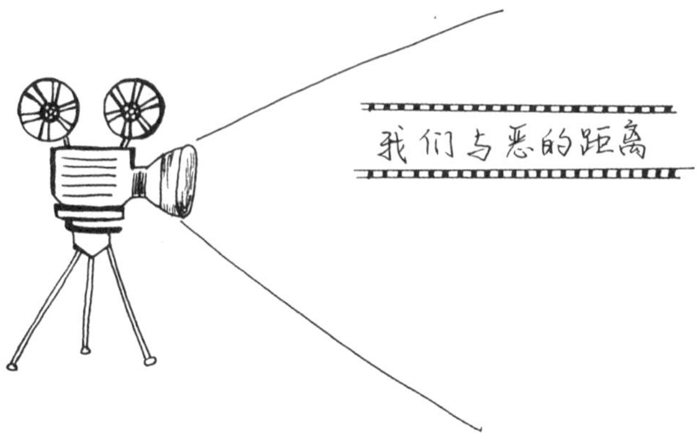

患者的角度出发，剧中患有精神分裂症的应思聪无助地问着自己的姐姐："为什么是我?"姐姐给不出答案。是啊，为什么这么多的事情一下子都发生在应思聪身上？谁也说不清楚。剧中应思聪在又一次情绪失控后闯到医院，找到一直照顾、开导他的医生，又问过一次"为什么是我"，这次他得到了答案："可能是你比较勇敢。"

这次见习我即将走进精神病专科医院，走近精神病患者，去感受那些或勇敢或脆弱的心。

停滞的青春小鸟

儿童青少年病区与森田病区毗邻，共享宜人的环境。这里有小亭子、假山，以及各式各样修剪得整整齐齐的花花草草，宛如一个小公园，让人感到格外的赏心悦目。

我们的带教医生是玉医生，她戴着一副黑框眼镜，留着一头干练的短发，给人一种很清爽的感觉。在跟随玉医生查房的过程中，我留意到这里的病房是两人间，装饰温馨，墙壁上贴有动物图案，色彩鲜艳，有一种活泼的氛围感。病房里的患者大多是初中生，正值花一般的年纪，他们表面上看和常人无二样，背后却往往隐藏着让人难过、伤心、痛苦的故事。

查房结束后，玉医生带我们去见了一个新收治的患者小梦。她长得又高又瘦，一头乌黑的长发，额前留着俏皮的刘海，虽然口罩遮挡了她的大部分容貌，但是我仍能感觉到她的漂亮。她的眼睛不是很有神，时不时看向地面，眉头也时不时紧锁，可见她兴致并不高，对周围的事物缺乏好奇心，提不起兴趣。这不免让我有些疑惑，是什么让一个正处青春年华的女孩萎靡不振？很庆幸，接下来玉医生与小梦的谈话过程，我们可以旁听。

“小妹妹，可以跟我说说你最近是怎么了吗？”玉医生关心地问。

“心情不好。”小梦两眼无神地望向别处，干脆利落地回答。

“这种情况持续了多久呢？”玉医生接着问。

“有两三年了。”小梦停顿了一下，继续说，“初一、初二时就有这种想法了。”

“那这两三年里，当你心情不好时，你一般会做些什么？”玉医生看着小梦追问道。

“特别烦躁的时候就想捶墙，而且这种状态总是在早上出现，并持续大概一个小时。”小梦望着玉医生，语气显得十分无助，希望从玉医生那里寻求解决方法。

“早上吗？”

“对。”

“是晚上睡不着的缘故吗？你最近的睡眠如何？”

“睡眠不好，基本都是凌晨三四点才能睡着。”小梦一边低头抠手，一边说着，很泄气的样子。

此时，坐在一旁的我们注意到了小梦左臂上的伤痕，顿时被震惊了，不禁有些害怕地看了彼此一眼。

“这些伤痕是你自己划的吗？疼吗？”玉医生也注意到了这些伤痕，关心地问。

“当我极其烦躁时，拿刀片划的。”小梦依旧低着头，“不疼，一点儿也不疼！”

“你父母知道你的情况吗？”玉医生问。

“知道，但又有什么用呢。他们根本不关心我，不懂我，也不尊重我。”谈及父母时，小梦的语气明显变得急促起来。

“为什么这么说呢？”玉医生听后，有些疑惑。

“我小时候，他们总是偷看我的日记，还时不时翻查我的书包。而且，你知道吗？有一次我因为惹妈妈生气了，竟被我爸爸罚跪了一个多小时。”小梦抬头看着玉医生，脸上的神情非常难过、委屈。

“你父母偷看你的日记、翻查你的书包以及爸爸让你罚跪，这些确实都不对。”玉医生见她情绪低落，忙指出她父母的做法不妥。

“对，我也觉得。”小梦肯定地说。

“当时爸爸让你罚跪时，你是什么样的心情呢？”

“特别难受，也很难堪。”或许是回忆起了当时的心情，小梦哭了起来。

玉医生见状，给她递了纸巾。她边擦拭眼泪边继续说：“当时我感到特别无助，觉得他们都不爱我，甚至嫌弃我，活着没什么意思。于是，我跑回房间，吞了一把药，但吞下去后想吐出来，却又吐不出来……”

玉医生见她难过得有些说不出话来，便一边轻拍她的肩膀，一边耐心地等待着。

待情绪稍稳定后，小梦接着说：“这种情况持续了一两个小时，爸妈知道后带我去了医院。然而在医院处理完，他们并没有问我感觉怎么样了，可见他们一点都不关心我。”

“或许他们确认你没事，放下悬着的心，只是想让你一个人静静，好好休息一会儿？”玉医生听后，试探着猜测。

从小梦的话中，我们得知她与父母相处并不和睦，她甚至对父母的一些行为十分不满。此外，她提到自己晚上睡不着或者早上起来一个人待着时，总感觉能听到父母的责骂声，还经常梦见父母骂自己，这让她感到很害怕。接下来我们还了解到，人际关系不好对她来说又是一重打压。

“你在学校和同学关系怎么样呢？”玉医生把话题转移到学校。

“一般般，我跟学校的同学没有太多交往，我比较稳定的朋友就一个，是我的发小。”小梦不假思索地回答。

“那你会跟你的发小说起自己的伤心事吗？”

“不会。”小梦摇了摇头，“我不想把负能量传递给朋友。”

“我和老师关系也不是很好。有一次，我的班主任竟然在全班同学面前提起我的病情，你不知道我当时有多尴尬，心里有多难受。”当玉医生问及她与老师的关系时，小梦又开始感到气愤和委屈了。

“那后来同学怎么对待你呢？”

“他们更疏远我了，不过没事，我跟他们本来就没什么交往……”

玉医生和小梦的谈话持续了大概一小时。整个谈话过程中，玉医生都十分耐心，语气也很温和，她通过一些看似简单的询问，一点点地挖掘出小梦的内心感受和相关信息。我想这就是心理医生必须掌握的基本技巧。

小梦离开医生办公室后，玉医生看了小梦病历本上的既往病史记录，给我们简单介绍了小梦的情况。小梦的伯父患有精神分裂症，从生物学因素来分析，小梦有家族遗传的基础，而且她还存在幻听的精神病性症状，总会听到一些虚幻的声音。“难怪小梦说在早上或是睡不着的时候总会听到父母的责骂声。”当玉医生说到“幻听”一词时，小湖看着我们说。

“对的，幻听是一种最常见的幻觉形式，指没有声音刺激时出现的声音知觉体验，是一种虚幻的听觉。不排除小梦总是听到父母责骂的声音使她出现了幻听。”玉医生点了点头。

“那她为什么会有这种幻听呢？”我有些疑惑。

“幻听的病因有很多，有因精神心理因素引起的，也有因中枢神经系统疾病或药物过敏引起的。而小梦之所以出现幻听，主要是因为她压力过大，加之与父母关系不好，缺乏沟通，以致精神长期处于高度紧张状态。”玉医生耐心地为我们解答。

中医讲究望闻问切，心理医生也要有望闻问切的能力。一些患者的具体症状表面看不出来，这就需要医生通过观察、交谈等方式对求诊者的心理和行为进行详尽的深入分析、收集信息，以描述和判断求诊者的心理状态是否异常，最后进行诊断。医生的问诊技术不仅是专业性的体现，还是富有爱心的体现。在心理治疗过程中，医生和患者之间良好关系的建立至关重要。

我们再见到小梦时，她已在妈妈的带领下办好了入院手续，她站在妈妈身旁，个子差不多与妈妈一样高了。我想，如果不是因为患病，她此时应该与其他初中生一样，在偌大的校园里绽放自己的青春活力，如同小鸟一般在湛蓝的天空中自由地飞翔。

家人闲坐，灯火可亲

这次要去的是睡眠障碍病区，见习第一天经过这个病区时，我以为里面的患者只有简单的睡眠问题，但实际情况显然没有我想的那么简单。一进入病区，我就发现这里跟儿童青少年病区很不一样，准确点说，儿童青少年病区的病房不像病房，像个小度假村，而今天的睡眠障碍病区就跟普通医院的病房没什么两样。

一开始，我们一起参加了医生们的交接班晨会，夜班的医生和护士总结报告各个患者的病情，以及出现的新情况，交接非常清楚。我们开会的地方其实是病区的一个活动室，里面摆放着一张乒乓球桌，墙上有壁挂电视，柜子里放着彩色笔、画纸，旁边还有一些做好的手工作品，四周围了一圈凳子。

会后，医生把我们分成了三个小组。我的带教医生是农医生，他给我们拿了几份病历，让我们看完后自己去与患者交谈，重点是掌握询问的技巧，问出患者的病症表现。

我有些担心和犹豫，因为第一天有玉医生带着我们，与患者交谈的也是玉医生，我们只是旁观，而今天我们要自己去与患者交谈，我其实是很害怕的。首先是怕问到患者敏感问题，影响患者情绪，如果患者本身情况不是很好，会不会对他们的治疗不利呢？其次是怕我们掌握的技巧太少，提问没有技术含量，根本问不出什么。最后是怕患者根本就不想跟我们交谈。因此，我心里一点底都没有，但是在其他组员的鼓励下，我还是决定去试一试，不去真正实践，怎么知道自己到底掌握了多少呢。而且昨天玉医生已经给我们做了一个很好的示范，这么一想，我也稍微镇定了。

在看病历时我就感觉一直有人在观察我们，我以为是患者的陪同家属，便没怎么在意。当我们讨论完病历，那个一直在关注我们的姑娘径直走过来，说道："我可以借走两位小姐姐吗？"我十分诧异，跟小湖对视了一下后回答可以。

我们在活动室里找了个位置坐下，经过简单的谈话，得知她叫小雪，上大学一个星期后就住院了，之后便办理了休学。对此我和小湖都感到疑惑，是什么导致了小雪才开学一个星期就住院了呢？

"你们知道吗？我经历了两次强奸……"小雪缓慢且沉重地说。

这个信息如同重磅炸弹一样冲击着我们的耳膜，还没等我们缓过来，小雪又补充道："两次我都逃脱了，但是他们对我是强奸未遂啊！我那时多害怕多痛苦！他们怎么能这样对我？你们说，他们怎么能这样……"我们可以直观感受到小雪的悲愤，她痛恨那些对她造成伤害的人。

一阵酸楚涌上心头，我不知道该说点什么，安慰的话好像卡在了嘴边。小湖过了好一会才问道："当时到底发生了什么？"

"他是我的补习老师，刚开始他对我挺好的，我们很聊得来，渐渐地我就很信任他了。后来有一天，他像往常那样来家里给我补习，上完课后我们一起聊天，但是他开始慢慢地摸我的手，突然一下子把我推倒在床上，我害怕得大叫起来，用了很大力气才挣脱他，跑了出去……"

"那后来是怎么解决的呢？"

"我报警了，但那个男的打算和我爸妈协商补偿三万块钱就结束这件事。我真的很生气，跑去和爸妈理论，结果吵了起来，我爸爸和姑姑还说了很难听的话来骂我，他们认为是我勾引了那个男的，要不然也不会发生这样的事，甚至觉得我是想拿那笔钱才这样不依不饶地跟他们吵。我当时真的难过极了，他们怎么会这样想，怎么会不相信我呢？我的心都凉透了。"自从这件事之后，小雪的情绪一直不稳定，后来被诊断为抑郁症住进了当地医院，那是她第一次因为精神疾病住院，当时她还在读高中。

"你恨他们吗？"

"恨！他们居然觉得我想独吞那笔钱，他们全都是金钱至上的人！我希望自己能快点经济独立，有能力脱离他们，离开这个家。"从小雪的话中，我能听出她对家人的恨意，居然还用到了"脏"这个字来形容，说明小雪与家人的关系十分紧张。

接着小雪又开始聊起那次住院过程中发生的事情，再次刷新了我们的认知。“住到医院后，我一直都听医生的话，按时吃药，一直在调整自己，我感觉好多了。因为同一个病房的病友跟我差不多大，我们有好多共同话题可以聊。”

“那应该可以很快回归校园生活了。”

“不，最不可思议的是我再次遭遇了强奸未遂，这次是病友的家属。”小雪这话又如一个晴天霹雳，再次让我们大吃一惊。

“那你有跟那里的医生说过这件事情吗？”

“没有人相信我……”说到这她几乎哽咽，但是却没有眼泪流下来。

其实当时听到这些，我在震惊之余，又不太敢相信小雪所说的。小湖和我讨论并表达了同样的看法。短时间内遭遇两次强奸未遂，发生的地点一个是私密的家中，一个是开放的病房。虽然我们不确定事件的真假，但是当时骤然听到这么严重的事件，我俩都有些慌乱，不知道该如何应对当时的情形，也不敢去问小雪太具体的细节，怕再次勾起她那段不堪回首的记忆。

我们想要了解一下小雪的校园生活，便问她："那之前你在学校的生活是怎么样的呢？"

"也就那样，还能怎样？我在初高中时都遭受了校园暴力，被同学们孤立，我也不明白为什么会这样，我明明什么都没有做，也没有可以倾诉的对象……"小雪眼神迷离，仿佛想从我们身上找到答案。

"那你有跟谁说过自己的遭遇吗？"

"有啊，我跟老师说过，但是你知道老师说什么吗？她居然质疑我，还说什么一个巴掌拍不响。"说到最后一句时，小雪突然大喊出声，右手也随即抬起向我挥了过来。当时的情况真的太突然了，我吓得直勾勾地看着小雪的巴掌划向了我的脸，差一点就落在了我的脸上，我的心怦怦直跳，背后吓出了一身冷汗，脸颊像被热锅烫过一般，耳朵也烧了起来。在我身旁的小湖同样被吓呆了，用眼神示意我并小声地问："没事吧？"我缓了一下，对着小湖摇了摇头。看得出来，小雪认为没有人愿意信任她，再想到之前的事情和心情，才会如此愤怒。

而就在这转眼间，小雪就像刚才的一切都没有发生过一样，语气又恢复了平静，继续说着："但我那时想着高中快结束了，可以忍受到高考结束，上了大学我就解脱了。"

果真，她如愿以偿地上了大学。

"那你的大学生活怎么样呢？你这次是因为什么要到这里来住院？"小湖问道。

小雪的语速突然加快："我不想再去读书了，我还是没办法和别人一起生活，我就想自己赚钱养活自己。我以为上大学后一切都会好起来，但是开学一周后，发现自己跟舍友们处不来，吵了好几次，而且我根本睡不着觉，便自己主动到医院来。医生诊断后让我住院，我回学校办理了休学手续，然后就住到这里来了。”

“以后工作也要和人打交道，可能也避免不了与他人合住，到时候怎么办呢？”

她低头缓慢地说：“和三两个人一起生活我还是可以接受的，但就是接受不了校园宿舍的生活。”

“我没有可以说知心话的朋友，从小父母离异，他们把我寄养在亲戚家，我住过奶奶家、姑姑家，还住过别的亲戚家，反正就是哪里都住过。我像个皮球一样，被踢到哪就待在哪，呵……”小雪表面好像已经无所谓，但听得出来，真正伤她最深的是家人。

“那你和谁生活在一起会比较放松和愉快呢？”我追问。

“没有，都不放松也不愉快。我最讨厌的是奶奶，因为她一点都不喜欢我，我做什么她都不喜欢，还总是用一种很嫌弃的、恶狠狠的眼神看我。”说这话时小雪满是委屈与不解。

“那当时你的状态和情绪怎么样呢？”

“我失眠很严重，就算睡着了也很容易醒过来。很长一段时间我总是待在房间里睡觉，闭上眼睛但又很清醒，总是想着发生在自己身上的事情，还不如死了算了，死了还可以得到一点家人的关注……”难以相信这是一个花朵一般的女孩说出来的话，可想她是多么绝望了才说出这样一番话，她多么希望能得到家人的关心，哪怕只是一点。

“因为我老是哭，现在已经很难流眼泪了。”交谈过程中小雪虽然多次出现情绪激动，但是我们都没看到她流泪。

小雪又谈到自己虽然与父母、奶奶的关系都不好，但是最喜欢家中的弟弟，她和弟弟在父母离异后都跟着爸爸，可爸爸根本不怎么管姐弟俩，而是把他们寄养在亲戚家。可以说，弟弟是她从小带大的，姐弟俩相依为命。

“那弟弟知道你这样，安慰你吗？”小湖温和地问。

“弟弟在我难过的时候会抱着我，安慰我，有时还陪着我一起哭。我觉得弟弟跟我很像，爸妈同样也不关心他，我现在最放心不下的就是他了。”在前面讲到自己的不幸时都没有掉眼泪，而且说自己已经很难流泪的小雪，在说完这句话时已经泣不成声了，眼泪哗哗地往下流。我和小湖顿时慌了，立马反应过来递去纸巾。小湖轻轻抚拍小雪的后背，让她宣泄情绪，并安慰道：“你是弟弟的倚靠，他需要你，也很爱你。”姐弟情深，她还是有一个牵挂的人的。

过了好一会，小雪的情绪才渐渐平稳下来，止住了眼泪，难过地说：“有时我情绪会比较兴奋，很多时候又会很低落，老是想伤害自己，我不相信任何人，总是陷入一些没有意义的想法中，特别自责。我原来被诊断为抑郁症，现在转变成双相障碍。我查阅了关于自己病情的图书，也上网了解过这个病。就因为这病，有一次我要去办一件很重要的事，竟然因为搭反方向的车而错过了规定的时间。我怎么这么笨，又这么没用，这么简单的事还能出错。”

“人难免都会出错的。”我试图安慰她。

“不！我下车后直接用脑袋去撞站牌，想让自己清醒一点。”听到这我的心都揪在了一起，感到有一点窒息。

“那后来呢？”我小心翼翼地问。

“撞完后我才发现自己是在公共场合，害怕被别人当成神经病，也怕吓到别人，所以赶紧走了。”

小雪似乎还想和我们继续聊下去，但由于时间关系，我们要结束谈话了，她不舍地和我们道了再见。

离开小雪后，我和小湖心情都很沉重，过了一会我打破了平静：“我认为小雪其实很清楚地意识到自己的情况，内心极度渴望爱，可一直又得不到爱，导致她自卑又难以相信他人。”

“原生家庭对一个人的影响实在太大了，若是小雪的父母在她难过时及时注意到并给予关爱，也许就不会像现在这样了，可是没有如果……”小湖惋惜地说。

“小雪的双相障碍是一种既有躁狂发作又有抑郁发作的疾病，这就是她一会情感高涨一会情绪低落的原因，所以才会有她刚刚向我挥巴掌的动作。”我分析道。

“双相障碍的维持治疗是一个长期过程，医院、家庭和患者多方参与十分重要，可小雪的家人似乎一直不理解她。要是父母能慢慢理解她，陪伴她，我相信小雪肯定可以渡过这个难关。”小湖说完无奈地叹了口气。家人闲坐，灯火可亲，是多么温馨的画面。“希望弟弟能成为她前行的光，慢慢治愈她……”

这一次真正接触到患者，在交谈中去倾听他们、观察他们，课本上那些描述症状的抽象的词语都变得具体形象起来。在这个过程中，我经常还会联想到自己，如果遇到相同的问题，又会怎么去面对，该

怎么做。我尝试站在患者的角度去思考为什么他们会有这样的想法和举动，努力去体会患者的感受。

通过这几天的学习，我更加明白掌握理论知识的重要性，只有记清楚各种心理障碍的相应症状，才能更好地帮助我们去设计所提的问题，并根据与患者谈话的内容去识别相应的症状，最后进行综合判断。这些所见所闻也让我进一步明确了心理咨询、心理治疗和精神治疗之间的关系，知道如何根据症状去判断来访者哪些是可以接受心理咨询的，哪些是需要转介到心理治疗或精神治疗的。我深感自己掌握的知识还是太少，也不够扎实，这段经历也让我不断回味。常怀一颗温柔之心，去和颜悦色，去春风化雨，去打开心胸，去拥抱天地，去感怀万物，去——爱！

向鱼问水，我看见自己

彭丽萍　曾玲娟

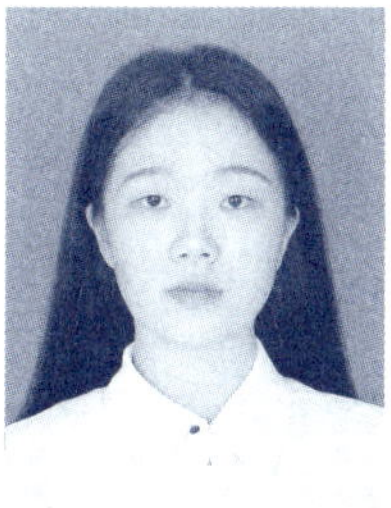

你是否也好奇他们的世界，他们或光怪陆离，或迷离梦幻，或天马行空，至于其中孰真孰假？嘘，你自己评判。

在去精神病专科医院见习之前，我和许多人一样对那里充满了惧怕和排斥，想象中的那个地方，是一道道铁门锁住一个个患者，他们有的神情憔悴、有的精神亢奋，而医生们都穿着防护服。但当我走进那里，走近他们，在他们的一颦一笑中，在和他们的交谈中，我似乎看见了自己，从前的自己，为人母的自己，中年的自己，甚至老年的自己……我那些缥缥缈缈的想象在见习中变得越来越淡，直至无痕。

上帝很忙

这是我见习遇见的第一名患者，一位信奉天主教的奶奶。那时我们刚到睡眠障碍病区，还未熟悉整个病区的环境，带教医生问我们想跟谁聊天。我们很怂地说："先找一个稳定一点的患者吧，我们害怕。"带教医生笑了，带我们找到了正在做康复治疗的奶奶。

当带教医生询问她愿不愿意和我们聊聊时，奶奶是怀疑且戒备的，还用敌视的眼神看着我们。万幸的是，在带教医生耐心解释后，奶奶答应了。

带教医生提前把奶奶的情况告诉了我们：该患者患有脑栓塞，手指控制不协调，信奉天主教，后来因为家人迷信，她有一段时间也跟着去信鬼神，患病后一直认为这是上帝在惩罚自己的不忠。

奶奶做完治疗后，主动来找我们，我们在医生办公室外开启了谈话。

我问奶奶："您是因为什么住院的？"

"我上次去医院复查，我有脑栓塞，知道吧？有一次在电梯里看见一个人晕倒了，我就开始害怕，回到家后，洗澡时花洒掉了下来，我更加害怕了，开始哭，家人劝我，但是我听不进去，整夜整夜地哭，他们就把我送了进来。"

"花洒掉了之后，为什么您会更怕了呢？"

"我信奉天主教，有段时间我和家人一直迷信，上帝肯定认为我不忠诚了，然后就用这种事情来惩罚我。反正出去后我是不会再迷信了，我就信天主教，不搞其他的了。"

当时带教医生也在我们旁边听着，他问了一句："那出院以后，再遇到花洒掉下来的情况怎么办？"

"掉了就扔喽，用久了肯定会坏的。"奶奶回答得很干脆，我们都笑了。

"那您这段时间睡得好吗？"我的同伴问。

"好多了，有时候听见同病房的人哭，睡不着，醒得早。"

"那您睡不着的时候会想什么呢？"

"什么都想，脑子很乱，但是又抓不住到底在想什么，就是想哭，特别想哭，觉得什么事情都做不了，也不想做。"

"那您有梦见过或者脑子里闪现过那天那个人在电梯里摔倒的情景吗？"

"好像梦见过。"

"现在还怕吗？"

"肯定怕，但是没有以前那么怕了，毕竟我的手有时候真动不了。"她抬起手，活动了一下手指头，展示给我们看。我在和她说话时特意瞄了几眼她的手，在整个谈话过程中，她总是有意无意地活动她的手指，看得出她很在意。

"奶奶，您看看窗外，看到今天的天气，有什么感觉？"我们去的第一天是个阴雨天，风携着细雨拍打着玻璃窗，留下一片水涟涟的印子。

"不怎么好。"

"是单纯觉得天气不好，还是因为这种天气想起了不好的事？"

"都有。"

……

和奶奶聊完后，带教医生让我们去大活动室跟患者一块上课。所谓上课，就是让患者们了解一些关于他们治疗方法背后的原理。那天医生主要讲森田疗法，她给我们普及了森田医生的生平还有森田疗法的意义，用通俗易懂的语言告诉患者在治疗时应该保持什么心态，解释了“顺其自然，为所当为”的含义，告诉患者如何在实际生活中践行“顺其自然，为所当为”。讲课医生用那位信奉天主教的奶奶来举例，说她刚进医院时整个人都处于自我否定的状态，整夜整夜地哭泣，在活动室做简单的绘画填色时，也是一味地否定自己说“不行、不会、不能”，而当她放下执念，抱着一种既来之则安之的心态之后，她的病情就开始好转了。

下课后，我们如约去找带教医生。

“聊了那么多，有什么看法或者有什么想问的？”带教医生问我们。

“引起奶奶发病的是那次看到病友摔倒吗？”我好奇地问。

“一部分原因是，患者本身患有脑栓塞，对手指的掌控能力欠佳，遇见病友摔倒的情景后，产生了恐惧的情绪。你们学过认知理论吧，患者总是高估自己所害怕的情景和事物的危险性，过分担心某一消极事件会发生。因为对自己过度关注，脑内又不断回放病友在去治疗途中晕倒的影像，心里就产生了焦虑。这位奶奶回到家后，又恰好遇到花洒掉落，认知发生了错误，增加了对负面情绪和思维的注意，干扰了她的正常活动，阻止了个体体验焦虑、恐怖情绪以外的其他情绪……既然你们听了课，也学过一些理论知识，后面你们自己补充说一下。”带教医生把问题抛给了我们。

我们三人略加思索，同伴开口道：“再加上她本来信奉天主教，认为是上帝在‘惩罚’她的不忠诚，所以越来越害怕，担心自己的过错还会引起其他的坏事发生，就产生了不信任他人，认为自己做什么都做不好的思想。”带教医生点了点头。

是否由于时代发展得太快，没有停下脚步等一等老人们，导致他们面对社会的快速发展无所适从，又没能及时更新观念，才会对某些我们年轻人看来很荒谬的事情深信不疑，同时用陈旧的思想去解释，将原本并无关联的事情胡乱联系，造成了内心的恐惧和焦虑。

常学常新，跟上时代，愿我们老了之后，仍能跟上时代的步伐。

负重前行

在遇见她之前，我所知晓的关于产后抑郁的知识大多来自网络或电视节目，因为身边的亲戚朋友在生产后都是激动地迎接新生命，欢笑着开启新生活，这让我一度觉得产后抑郁有些不真实。

她是一位年轻妈妈，也是一名重度抑郁症患者，我第一次遇见她是在睡眠障碍病区的活动室外，当时我们以为她是陪同家属。她正在给护士台前的花浇水，动作很仔细，我还跟伙伴说："那个小姐姐的心态真好啊，还有心情浇花呢。"等再见到她时，她抱着一个孩子，在活动室外的走廊来回走动，不时逗着孩子，面容平静祥和。或许是我们这群人打乒乓球和聊天的声音太热闹，吸引了孩子的注意力，她带着孩子走进了活动室，我们也顺势走近她，拿着乒乓球去逗孩子。一开始我们确实没有发现什么异样，她也只问了我们是哪个学校的，学什么专业。真正引起我注意的是，在我们回答了她的问题后，她说："读书好，好好读书，不要想着结婚之类的事情。"她显得很无奈又寄予期盼，似乎话中有话，我们便追问她的故事。

她生完第一胎后便得了产后抑郁，但是丈夫与婆婆都不理解，认为她只是心情不好，还没有从怀孕的艰难中缓过来，虽然也住过院，但是并没有引起家人重视。生二胎后，她的病情加重，反复住院、出院，最近一次住院，是因为在发病时企图掐死自己九个月大的孩子，而被家人送进了医院。

在与她聊天时，我发现无论是神情还是动作，她都与常人无异，有时候还能看见她脸上露出一丝笑容，但那只是礼节性的微笑，她的眼睛里没有笑意。我从她的眼里看见了一大片雾，萦绕在心灵的海洋上，没有一丝光彩。她的语调很平静，没有什么起伏，无论是描述她生病的经历，还是说到家人的不理解，甚至是说到想掐死自己的孩子时，她的声音和语气都是平平淡淡的，仿佛在说着外人的故事，与她无关。

她和丈夫、两个孩子还有婆婆住在一起，白天丈夫上班后，大部分时间只有她和两个孩子待在一起。婆媳关系并不融洽，婆婆只是偶尔过来帮忙。丈夫即便在家，也很少帮她照顾孩子和分担家务。她整天被家里的一地鸡毛围绕着，手忙脚乱，感到越来越无力，越来越疲劳。

我问她："那你的父母来看过你、照顾过你吗？"

"他们来照顾过我一段时间，但是他们也有自己的事情，没办法一直待在这里，我只得自己照顾两个孩子，我必须承担自己的责任，没有选择。你们看我现在很正常对吧？和你们有说有笑的，其实我很不开心。你们可能没有办法理解我的心情。"

正聊到这里，一个和她同病房的女孩咋咋呼呼地闯了进来，对她说："医生让你去找她。""找我干吗？"她没动。"你这个样子要出院，不找你找谁啊！"女孩一边跺脚一边动手来拽她。她抱着孩子站起来，对我们说："你们应该和她聊聊，她是躁狂患者。"那女孩转身对我们说："医生要是让她出院，那就是不正常。"说完，又风风火火地跑了。看来只有病友才真正了解病友。

第三次遇见她，是在吃完饭后，我们从食堂进到楼里，她手里拿着一摞纸在打电话。我与伙伴和她打招呼，不知是没看到还是其他原因，她没理会我们。到了下午，我们才知晓，她真的出院了。

第一天见习遇到的这位妈妈给我带来了极大的震撼，这种震撼不仅仅是因为她能将死亡看得比水还淡，更是因为在她病情后面的社会现象。

有时候压倒患者的不是病情，而是那些习以为常的事情。一个女孩，原是家中的掌上明珠，随着时间的推移，慢慢有了很多身份，学生、女朋友、妻子，怀胎十月后成为妈妈。在生产后，大多数的目光与希冀似乎都从她身上转移到了宝宝身上，她也在一瞬间背负起了“妈妈”角色的责任。当她还在疑惑与不适应时，周围的人不断告诉她：你要喂奶了，你要照顾孩子了，孩子哭了你得哄哄他了，你该给孩子换纸尿裤了……

我不否认，这是她身为母亲的责任，但我们也必须考虑到一些新手妈妈的角色转换没有那么快，承受能力没有那么强，很难在一夜之间承担起养育婴儿的重任，在几天之内把自己世界的中心变成孩子。她们甚至需要在坐完月子后，马上承担起身为妈妈、妻子、儿媳三重身份的责任。如果在这个家庭中，父亲没有担起自己的职责，那无疑是一个更大的灾难。

我没有权利批驳任何人，但我希望能有更多人改变关于产后抑郁的观念。很多产妇生产后的抑郁状态在一周左右就能恢复，但是也有一些新手妈妈难以自行恢复，这极易发展成为抑郁症。产后抑郁不是生完宝宝后的妈妈矫情金贵，也不是她们故意吸引别人注意力，而是因为生产后身体里某些激素突然变化，影响了大脑的高级神经活动机能，又或许加上伴侣的父亲职责缺位、与家庭其他成员发生冲突、自身难以适应新身份的转变等，都有可能同时作用而引起产后抑郁。

我们现在能做的，就是积极向大众普及关于产后抑郁的相关知识，帮助他们理解产后的新妈妈，也希望能唤起社会对产后抑郁的更多关注，避免在一个家庭迎来新生命之时，另一个生命在承受痛苦。

“谁是疯子”

见习的最后一天，我和同伴带着紧张和防备之心跟着医生进入封闭式病房，尽管在进入病房前医生已经告诉过我们注意事项，我俩还是不可避免地神经高度紧绷。当我们查完房，来到患者活动的大厅时，一位阿姨气势汹汹地朝我们走来，我和同伴赶紧闪到一旁。这位阿姨径直绕过了我俩，嘴里大声喊叫着：“借个手机，我要打电话。”

阿姨走到医生身边，直接拉着医生的手，说要打电话给家人接她出院，她认为自己的病已经好了，是家人故意把她关在医院的。我和同伴在一旁看着这位暴躁的阿姨，面面相觑的同时也很好奇。那时候她是整个大厅里最瞩目的人，不仅仅因为她的声音震耳欲聋，更是因为她的劲头就像泼妇骂街。

她在拉住医生后，就开始了连珠炮般的语言输出。通过她激情高昂的诉说和后来医生给我们补充的细节，我逐渐理清了她的故事。

“暴躁阿姨”家中只有她妈妈和自己的丈夫。阿姨早年父亲去世，母亲带着她生活。在与丈夫结婚后，意外发生了宫外孕，目前没有子女。她坚持认为如果自己还不回家，就没人照顾母亲了。若不是我清楚她正在封闭式病房中，我已经开始为她的孝心动容了。

她的病症伴有精神病性，也就是说，她可能出现过妄想与幻听等症状。“你们都不相信我，他们趁我老公不在的时候把鸡蛋壳丢进我的垃圾桶，还把摊子摆到我的店铺来，我和他们说过了，他们偏不听，还在背后骂我，等我找来城管，他们又说没骂，还说我是神经病。”

她的语言表达能力很好，绘声绘色。很奇妙的是，当另一位随行医生拿着检查表走过来时，她的注意力很快又被这位医生吸引过去。

“有没有看见我的信息？找到电话号码没有？给我打电话呀。”一边说着一边就要去拿医生的检查表。

这时医生问了句：“你以后还乱不乱买东西送给别人了？”

她立刻转身大声驳斥：“谁说我乱买东西？我哪里有乱买！我买的东西又不值钱，他（指丈夫）买的那些东西才贵，我买的是有用的，而且又不多，他们天天就知道说我，他自己不是也买！”

她像是一条被触及逆鳞的暴龙，通过大声吼叫来宣泄自己的愤怒，维护着自己的尊严。

“小时候过得苦，从小没了爸，我又没有孩子养老，那时候说我什么宫外孕要不了小孩，可我有孩子，他们不给生！他们就是不想让我生！我妈一个人在外面又没有人照顾，我要回去照顾她的，现在有钱还要被人欺负，买点东西都要被说。还天天被那些人（指其他摊贩）骂，我跟你说，我在那条街有三四个店铺，不信哪天我带你去看看。”

“我告诉你，那些人在背后议论我，他们以为我不知道，城管来了就讨好城管，天天想着害我……”

她讲得又快又碎，我根本没法跟上她的节奏。言语之细碎，内容之荒唐，音量之高亢，情绪之兴奋，表情之丰富，我能在记忆中寻找到的对应场景，就只有多年前曾在老家集市上看到的泼妇骂街。

大多数时候都是她在说，其他人在听。当她的说话内容发生明显偏移时，医生就用提问的方式将她拽回来，但没多久，她的思维又跑偏了。这情景就好像两个人正在进行一场言语拉锯战，紧张，刺激，又有些滑稽。终于，她的注意力又被别的患者吸引过去。医生停止了对她的提问，她撇下我们，又投入了另一场“辩论”中。

结束查房后，回到医生办公室，医生调出了“暴躁阿姨”的病历给我们看，和我们一起分析她的病情。“她是典型的伴有精神病性的躁狂症患者，你们刚才看到了她表现出来的高涨情绪，特别激动，说话声音特别大，恨不得所有人都能听见，喜欢跟人辩论抬杠。”

“看到了，其间您问了一下她还买不买东西送人，她突然就提高了声音，反驳您。”同伴补充道。

“是的，你们印象很深刻，哈哈。不知道你们有没有发现她说话时除了声音大，还有什么特点？”

“有些时候有逻辑，有些时候前言不搭后语，说话内容变化很快。”我回答。

“而且她很容易被其他东西吸引注意力，说着说着就跑偏了。”同伴接着说。

“对，躁狂症患者的另一个特点就是思维奔逸，他们思维运转很快，打个比方，他们说话时就好像脑袋和嘴巴在比赛，脑袋跑得太快了，嘴巴拼命追赶，就会出现漏词甚至漏句的现象，有时候嘴巴还在说上一句话的前半句，脑袋已经跑到下一句话的后半句去了，于是我们听到的是两个半句话接起来的一句话，就听不明白了。”医生看向同伴，接着说，“还有你刚才说的，她的注意力非常容易被分散，在说话时很容易被其他事物干扰，并将注意力转移到其他事物上去，所以她说话的内容也容易出现随境转移的现象。”医生停了一会儿，又说，“还有一个情况你们可能不会注意到，就是她乱买东西。”

“乱买东西也算？”我疑惑，“‘双十一’时我们也会乱买东西啊。”

“不不不，她的乱买是真的乱买，用专业术语来说就是‘行为鲁莽’的表现，患者的安乐浮夸感常使他们陷入易冲动和不听劝告的行为中。就像这个案例，患者疯狂买东西回家，而且不分时宜的‘慷慨大方’地分给周围的人，她也不会去考虑自己实际的经济能力。”医生解释道。

“那精神病性躁狂和普通躁狂有什么区别呢？”我指着屏幕上“精神病性”这几个字问道。

“精神病性躁狂，简单来说，就是会出现精神病性的症状，比如幻觉和妄想，社会功能明显受损，需要住院治疗。像这位阿姨，她就出现过被害妄想，她不是认为其他摊贩往她的垃圾桶扔垃圾，要害她吗？还有她发生宫外孕不能要的那个孩子，她也认为是医生胡说，故意打掉她的孩子。”

医生顿了顿，“普通躁狂指的是轻躁狂，不仅不会有精神病性症状，患者的社会功能受损也不明显，不需要住院治疗，但患者的情绪高涨和易激惹也的确达到了异常的程度。你们可不要认为精神病患者智力有问题，在普通躁狂状态下，患者会觉得精力充沛，思路清晰，解决问题的能力大大提高。‘天才和疯子只有一线之隔’说的就是有时候你根本无法区分他是天才还是疯子。比如说凡·高，这位天才艺术家就是一个躁狂症患者。”

当天回到学校后，我一直在想，如果不是在封闭式病房这样一种特殊情境下，周围人会有多大概率把这位“暴躁阿姨”看成是患者？我想很多人都会把她看成是一位情绪激动的阿姨在诉苦吧。在大众的刻板印象中，封闭式精神病房里的患者都是流着口水、言语不清、肢体不协调的，抑或是拿着大砍刀见人就砍，吱哇乱叫、衣衫褴褛、身形瘦削的人。像这样一位嗓门大了点，情绪激动了些，思维表达飘逸了些的阿姨，更多人会把她归类到“被气疯了”的中年妇女行列，也许还有人会猜测她可能又跟谁吵架了，但是吵不过，现在正隔空对骂呢。其实当时在医生讲解完之后，我有一瞬间陷入沉思，于是问医生：“怎么知道患者说的话是真是假（是否是幻觉或妄想）？”医生回答先入院观察，看看有没有更多的症状，再配合专业的检查等。当问出这个问题时，我就发觉不对劲了，因为我突然回想起老师在变态心理学课堂上讲的那个著名的研究——“这儿，谁是疯子？”精神疾病的诊断真不是一件容易的事情。

另一个我

我又梦见了你。见习已经结束，但这是我第三次在梦里见到你，梦中的你身上背负着好几道枷锁，手臂上的血坑跟我刚遇到你时一模一样，你还是没有笑容，坐在大厅的长椅上木讷地看着电视。梦境里周围似乎很嘈杂，人们的嘴巴张张合合，却没有声音，我走近他们，想要听清楚他们在说什么。我才踏出第一步，你突然朝我看过来，对我说了一句话。瞬间画面一黑，心像被割开浸泡在醋里一般，又痛，又酸。我听见你对我说的话了——“我，就是你。”我突然从梦中惊醒，打开电脑，写下了关于你的故事。

在封闭式病房里，小觉是和我聊得最多的一个只有十四岁的女孩。刚进到封闭式病房时，周围很嘈杂，充斥着电视声音和患者们的大喊大叫。我环顾四周，大家行动各异，有的行色匆匆，在大厅里来来回回地走动；有的神情木讷，坐在椅子上无神地望着前方，眼睛像黑洞一般，看不见一丝光亮。

我扫了一眼大厅，一下就看见了小觉，她正端坐在长椅上，漂亮的小妹妹总是很惹人注目的。她很白净，五官长得也很精致，从侧面看颇有些异域风情，穿的不是病号服，是一件粉色卫衣，头发湿答答的，像是刚洗完头。我悄悄走过去，弯下腰轻声问她能否和她聊聊天。她望着前方点了点头，没有看我。我在她身边坐下来，开始了我们之间的对话。

我指了指她的头发，问她：“是刚洗完澡吗？”

她点点头，眼睛还是看着前方的电视，身体稍微往旁边移动了一些，离我远了点。

“那你要把头发擦干吗？还在滴水，会着凉的。”她摇摇头，还是没看我，仍旧和我保持着距离，并不信任我。

我把腰弯低了些，小声问她是因为什么而住进封闭式病房的，她说是因为重度抑郁。我低头看她的手环，看见了她手腕上的划痕和一个个的坑洼，问她那些伤疤是什么时候弄的。

小觉突然笑着说："很久以前了。"

"那些像坑一样的是怎么弄的呢？"

"用手抠的。"

"用手抠的？不痛吗？"

"不痛，很快乐。"

"很快乐？为什么？"

"就是晚上睡不着的时候，抠手很快乐。"她做了一个抠手的动作要给我示范，吓得我连忙握住了她的手，笑着摇头制止她。

"那最近睡得好吗？睡不着的时候你干什么呢？"

"不能说好，只是比以前时间长一点，晚上睡不着只能发呆，白天可以看看书。"

"那你白天会和别人聊天吗？一般聊些什么？"

"会，但是不怎么聊，不记得聊什么了。"

"在这里交到朋友了吗？"

"有啊，一个小妹妹，比我小一点点。"她用手比划着一点点的样子。这是我第一次看见她笑，带着少女青春的美好。

"你们是怎么变成好朋友的？"

"她很可爱，和我年纪差不多，我们有很多能聊的话题。"她的双手自然地搭在膝盖上，没有了刚才的紧张，看着我回答。

"那你能和我说说你是怎么得的抑郁症吗？"我也看着她的眼睛。

"我遭到了校园暴力，回到家里和爸爸妈妈说，可是他们根本不相信，也不理我，只关心弟弟。"她说得很平淡，好像不在乎的样子，但是在膝盖上微微收紧的手却出卖了她的心思。

“你能说说家里的情况吗？比如你弟弟。”

“家里有爸爸妈妈，我和妹妹，还有弟弟，但自从弟弟出生后，他们就不怎么关心我的生活和学习了，他们都关心弟弟，没人认真听我说话。”说完小觉就一直低着头，似乎有一股无形的力量在压迫着她。

“他们是怎么不认真听你讲话的？除了没有理解你遭受到校园暴力这件事。”顺着她的话，我希望了解更多。

她摇摇头，没有再回答我的问题。

她在回避家庭方面的问题，我只好换了一个思路问：“你有种自己被抛弃的感觉吗？”

她点点头。

“那妹妹有跟你说过类似的感受吗？”

“她还小，可能不这么觉得。”

看她兴致缺缺，我又换了一个话题：“跟我说说校园暴力的事情吧。”

“几个女同学不跟我玩，然后整个班的同学都不跟我玩了。”

“那你知道原因吗？”

她笑了笑没说话，摇摇头，好像并不在意。

“有跟父母联系过吗？”

“有，按照医院的规定，只有他们打电话来的时候我才能去接。”

“那你们一般都聊些什么呢？”

“也没什么，他们让我好好听医生的话，配合医生治疗。”

“然后呢？”

“没了。”

看来，她与父母的交流几乎都是机械式的，如同走过场一般，从她的语气中甚至能感觉到她对父母这一话题的回避与厌恶，以及对父母的责怪，怪父母当初对遭受校园暴力的她视而不见，怪父母没有认真听自己说话，怪父母没有关心自己。

“那父母上次来看你是什么时候？”

“不记得了，都是让别人拿东西来给我而已，比如水果和牛奶之类的。”

“那你喜欢吃这些东西吗？”

“说不上喜欢，也说不上不喜欢。”

“那你喜欢吃什么？有跟他们说过吗？”

“我喜欢吃饼干、辣条、薯片，但是他们不会买的。”

“你没跟他们说过？”我歪头表示疑惑。

“没有，他们不会让我吃这些零食的，可能是为我的病情着想吧。”她看着我笑了笑，眼里带着伤感。

“不聊那些伤心的，你有喜欢玩的电子游戏吗？”

“有啊，我喜欢玩《王者荣耀》，而且段位可高了。”提起游戏，小觉的脸上洋溢着骄傲和欣喜。

“那快跟我说说，我不会玩，你可要教教我。”

寻着小觉感兴趣的话题，她一下子打开了话匣子……

再次看见小觉时，她正和一个圆脸的小女孩在一起，脸上带着笑，整个人明显比第一次放松。

“我们可以握个手吗？”小觉微笑着朝我伸手，我顺势握了上去，两人相视而笑，像是在说你好，也是在道别。

小觉曾和我诉说抑郁那段时间里的事情：“在班上没人愿意和我玩，回家后自己一个人待在房间里看书玩手机，奶奶不理解我，周围也没人来找我，我都是一个人一整天待在房间里不出去。”

在小觉身上，我看见了那个曾经的自己：在房间里沉迷于玩手机的自己，无数次嫌弃奶奶进房间的自己，因为跟朋友吵架而委屈落泪的自己，在得知突然多了个弟弟时生气的自己……或许下次在梦中遇见她时，我可以抱抱她，并告诉她：“你是我，所以你也能走出来，我们都会活得好好的。”

生活中不尽然都是一路鲜花和明媚阳光，我在他们的故事里看到了人生的各个阶段，鱼在水中不知水，人在风中不知风。当我们跳出藩篱认真观察生活的时候，就会发现，其实生活中处处存在惊喜和美好。存储美好，又何惧荒凉？“如约而至”是一个美好的词，等得辛苦，却没有辜负。

冬寒花败，春暖花开

闭耀敏　曾玲娟

或许你曾在漫漫长夜里抵抗着心头的猛兽，无形的牢笼把你困住，挣扎过后独自舔舐伤痕，但是难捱的时光终会翻篇，就如同长庚星一般，能在漆黑的夜空中绽放光芒。

拂晓，渐露的晨曦衔着凉风，把最后的睡意吹散，我们踏上前往精神病专科医院的路途。穿上崭新的白大褂，挂上每个人专属的工作胸牌，走进这所带着一丝神秘感的医院，走近那里的患者，开始了我们并不寻常的见习生活。

心　囚

当天过来问诊的是小转，与许多有家人陪同的患者不同，她是一个人来的。小转是一个很瘦弱的女生，一身黑色系打扮，还穿着略显肥大的外套，正常规格的口罩戴在她脸上也比别人大，长长的刘海遮住了她的眼睛。进入门诊室后，她摘下口罩，拨开额前的刘海，我才看清她的五官。瘦长的脸型衬得她的眼睛圆圆的，眼里满是疲惫，下方是乌青的黑眼圈，脸色和唇色都有些泛白。

她拉开凳子坐下后，医生问她是因为什么来这里。她低下头沉默了一会儿，开始讲述她的故事。听着她的描述，我的眼前浮现出这样的画面。

初冬来临，寒气已经开始有些刺骨，寒风在树叶间穿梭，沙沙作响，地上的枯叶也随风飘着，路上的行人不禁裹紧了身上的外套，抱怨着天气的阴冷。某高职院校，午餐时间到了，大批学生不断拥进食堂，里面热闹哄哄的，饭菜升腾起热气，仿佛把人身上的寒气慢慢驱散。

食堂最不起眼的角落里，一个瘦弱的女孩独自坐在餐桌前，黑色外衣有些宽大，衬得她愈发瘦小。旁边三三两两的女孩边吃饭边兴奋地和同伴聊着最近的趣事，还不时发出阵阵爽朗的笑声。独自吃饭的小转正低头翻动着碗里的饭菜，握着筷子的手瘦得皮包骨，有些枯黄的长发散落在脸颊两旁，长长的刘海盖过双眼，让人看不清表情；翻动饭菜的手突然停下，抬起头环顾了一下四周，又快速低下头，她与周围热闹的景象格格不入。她自嘲地想，自己多久没和朋友一起吃饭了？朋友……自己真的有朋友吗？她随意扒拉了几口饭到嘴里，今天的饭有些硬，卡在喉咙里难以下咽。吃饭对她来说，可能只是一个为了活着而完成的任务，每天都点同样的饭菜，没吃几口，肚子已经开始有了饱腹感，这也预示着这一餐的任务已经完成。

吃完午饭，小转慢慢站起来，又慢吞吞地走向宿舍。在楼道里她听见宿舍传来一阵阵欢声笑语，但对她来说就像魔音一般，没有来由地心颤。走到宿舍门前，她摸了一下上衣口袋，心沉了沉，暗想“糟了”，钥匙放在昨天的衣服口袋里了。望着近在咫尺的宿舍门，她无措地揪着衣襟，抿了抿嘴，抬起手又放下，犹豫了一番，终于敲在门上。“咚咚”，清脆的敲门声响起，宿舍里的笑闹声小了，等了几分钟，却迟迟没有开门。她握了握拳，不甘心地又敲了两下，声音比前一次重一些，小心翼翼地问：“可以……开一下门吗？我忘拿钥匙了。”另一只手紧揪着衣服的下摆，心里直打鼓，希望下一刻能听到开门声，但是回应她的只有走廊里呼呼而过的冷风。她垂下眼帘，叹了口气，不打算再敲了，可能无论再敲多少下也不会有人给她开门吧。但是，她又能去哪呢？在这个学校里她好像没有过真正的朋友。刚来学校的时候，她性格内向、寡言，与人交流甚少，其他舍友则活泼开朗，她们在宿舍聊天大笑时，她只是在一旁静静做自己的事情。渐渐地，几个舍友相处得很好，每天都一起出门、吃饭，她们在宿舍里会自动忽略她，她就像透明人一样，和舍友之间仿佛隔着一条不可跨越的鸿沟。

真正点燃导火索的，是舍友小可的项链丢失。某个周末，几个舍友相约去附近的商场玩，宿舍里只剩下小转一个人。小转平时周末会去图书馆看书，但是由于最近天气转凉，她抵抗力下降而感冒了。趁着舍友们不在，她正好可以好好休息半天，就一直窝在床上睡觉。舍友们在傍晚回到了宿舍，还在回味逛街时的乐趣，讨论着下次再去哪家店吃东西……

本以为这风平浪静的一天就要过去了，可是没想到，突然“砰”的一声，把正在整理衣服的小转吓愣了。她的心“咯噔”地跳了一下，攥紧拿在手里的衣服，下意识地望向声音的源头，发现小可正怒目圆睁地看着自己，眼睛仿佛在喷火，这种眼神她还是第一次见，吓得她全身微微颤抖。其他舍友也纷纷看向她俩，离小可最近的小芩有些疑惑地问发生了什么事。

小可踹了一脚前面的凳子，凳子砸到地板上，“哐当”一声，把其他人也吓得不轻。

“怎么了？你问问她怎么了！”小可指着小转，声音尖锐，面容狰狞。

“好啊你，趁我不在就偷我的项链是吧？”小可瞪着小转，眼神像是要把她撕碎。

还在呆愣中的小转看着她，“我没有”这句话仿佛卡在喉咙，她只是摇了摇头，发不出声音。小可以为她这是心虚说不出话，怒火燃烧得更旺，大步向小转冲过来，手指用力抵在她的额头上。

“怎么样？被我抓住就心虚了是吗？小偷！”小可说罢，还推了小转一把。突如其来的力量让小转重心不稳，往后退了几步，撞上了身后的书桌，后腰传来一阵钝痛，泪花在眼眶里打转。但比起身上的痛，“小偷”这两个字更像一把利刃，把她的心刺穿。

“我没拿你的项链。”小转怯生生地看着小可，沙哑着说。

“呵！”小可冷哼一声，“有哪个小偷会承认自己偷东西！”

“今天就你在宿舍，不是你难道是鬼吗？”其他几个人附和道。

“真是没想到，看你平时文文静静的，居然能干出这种事情。”

“文静？我看啊，她就是装的！”

几个舍友纷纷看向小转，满是鄙夷。

小转的心犹如沉入海底，被重物压着，此刻，她有些喘不过气来，她想不出要如何反驳，又或许，此刻的辩解根本无济于事，毕竟一旦被人认定，结论就很难改变……

讲到这里，她终于崩不住，开始抽泣落泪，但哭得很压抑，连身体都在颤动，哭声却不大，仿佛把所有的委屈都压抑在了这小小的身体里。看到这一幕，我也觉得鼻尖酸酸的，心缩成了一团。医生没有打断她的情绪宣泄，而是等她慢慢平复，再让她继续说下去。

就这样，之前舍友们和小转之间表面还算和睦的关系彻底破裂，宿舍对她来说就是冰冷的地窖，冷言冷语不时刺向她，在这里，她没有朋友，没有可以倾诉的对象，甚至有一次她向老师求助时，换来的却是冰冷又无情的一句“为什么她们会欺负你，而不是欺负别人？”原本以为老师是她能抓住的最后一根希望的稻草，然而，现实却将她最后的希望淹没。每每被欺负时，她的脑海总是不断回荡着这句话，难道这一切都是她应该承受的吗？

校园欺凌的阴影一直伴随她到实习，但是在实习时她又处处受刁难，一些难听的话语像刀子一样刺向她。从学校到实习点距离比较远，为减少路途奔波，同学们都相约在外面租房住，没有人愿意和小转合租，她只好每天下班后拖着疲惫的身体回到宿舍，不过这样一来，空荡的宿舍就只剩她一个人了。这一天，她回到宿舍，脑海中又浮现出被辱骂的情景，有一个声音盘旋在她耳畔——“死了就解脱了”，空灵的声音不断回荡在不大的宿舍里。小转的心“咚咚”狂跳，脊背也渗出冷汗，脸色泛白，身体不断发抖，她拼命捂住耳朵，想把这个声音赶跑。她蹲坐在角落里，眼睛空洞无助地看着前方，额前的刘海已经被冷汗浸湿。不知道过了多久，耳边的声音终于消失了，她慢慢放下双手，两腿发麻，好像有无数只蚂蚁在啃噬着，她不得不借助墙壁缓慢起身，力气仿佛被耗尽。

放在床头的手机响起，好久没有人给她打过电话了，此时的手机铃声显得突兀和陌生。小转缓慢挪动到床边，屏幕显示来电人是“妈妈”，她没有马上接通，而是揉了揉脸，深呼吸几下，让自己表现得如平常一般。“喂……妈。”低头看着脚下的地板，她的声音仍然有些沙哑，还没有完全回过神来。

“小转，妈妈好久没有打电话给你了，最近过得怎么样？”妈妈没有注意到小转的声音有异样，倒是小转觉得妈妈语气有些焦急。

“我……过得挺好的，家里……怎么样？”小转咬着下嘴唇，心情有些复杂。

“你姐的病情还是没有好转，反而越来越严重。”电话那头的妈妈声音带着哭腔。

“姐姐她……妈你先不要急。”听到姐姐病情变得更严重，小转的心里像压着一块石头，一股无力感重重地向她砸来。

“所有办法都用上了，妈妈真的不知道该怎么办了。”妈妈声音悲痛。

“小转，要是你也像姐姐一样，我们家就垮了呀。”妈妈说着越发激动，每天为女儿的病奔波，医药费也是一个无底洞，痛苦好像根本望不到头。

听着电话那头的妈妈失声痛哭，小转的心也刺痛着，“像姐姐一样”，她现在不就是吗？姐姐患上重度抑郁症好几年了，父母为医治姐姐已经花掉了大部分积蓄，然而还是没有好转，他们平时无暇顾及小转，偶尔联系也是嘱咐她懂事一点，乖一点。小转知道父母被生活压得喘不过气，因此从来都是报喜不报忧，没有和父母提起学校的事情。抑郁像囚笼一样笼罩着她，把她困在那一方小小天地，被压抑、孤独和没有尽头的痛苦充斥着，她逃不出来。

“喂，小转，你还在听吗？”电话那头的妈妈连续叫了好几声，才把小转从自己的思绪中拉回来。

“妈，我在听，你放心，姐姐一定会好起来的。”听到妈妈喊自己的名字，小转快速回过神来。

电话那边传来一阵嘈杂声，“小转，妈妈先挂了，你姐姐情况又不太好了，我得过去看看。”

“妈……”没等小转说完，手机就传来“嘟嘟嘟”的挂断声。妈妈为数不多的几次来电话，说的都是关于姐姐的病情，妈妈对她说得最多的就是“你要懂事一点”，她也一直谨记着这句话，把所有难过和委屈都压在心底，越压越多，多得让她喘不过气来。世界这么大，她却找不到能倾诉的地方，“死了就解脱了”，这个声音越来越频繁地出现在她的耳畔。

小转讲到这，忍不住又哭了起来。我心疼这个和我年龄差不多的女孩，在学校遭受校园暴力，在实习时备受欺负，家庭压力大，父母无暇顾及她，种种痛苦无处宣泄，长期压抑的情绪如洪水猛兽般占据大脑，就很容易催生出自杀的念头。

“你的情况我大致了解了，今天你能够来医院求助，做得很好。”医生看着小转，肯定了她选择来医院的举动。等她情绪平复了些，止住了哭泣后，医生接着说：“我再问你几个问题，你刚才说的经常听到的那个声音——‘死了就解脱了’，是你这么想的，还是耳朵真实听到的呢？”

“那个声音，我感觉就是有人在和我说这句话。”小转的眼睛往上方看，像在回忆着她听到这个声音时的情景，继而看向医生。

“那些伤害过你的人，虽然不在你身边，但是你仍然会受到他们的影响，对吗？”

“对，无论我在哪，好像都摆脱不了他们带给我的阴影，很多时候真的就想像听到的那个声音一样，死了就解脱了……”

“你觉得很痛苦，甚至想自杀，那么，阻止你自杀的原因是什么呢?”医生继续问道。

“可能是……我的家人吧，在这个世界上我唯一留恋的就是我的家人，虽然他们一直在照顾姐姐，很多时候都忽视了我，但我还是希望姐姐快点好起来，我们还能和以前一样……”小转的目光又望向别处，随后低下头深深叹了一口气。

“好，小转，你可以先去做一下心理测验，测验完成后，你把结果拿过来，我们再商定下一步的治疗方案。”医生低头迅速地开出了处方。

目送小转离开后，医生和我们讨论起小转的情况。她现阶段已经出现了明显的疲劳感和长期的情绪低落、失眠症状，还出现了幻听，从她描述的情况来看，她听到的声音是从耳朵传来的，属于真性幻听。

“原来这就是真性幻听，那假性幻听又是怎样的呢?”变态心理学课程上介绍过这两个名词，我想知道患者身上的假性幻听是如何表现的，于是好奇地问医生。

“假性幻听与真性幻听不同，真性幻听是患者可以通过耳朵听到的比较清晰的幻听，假性幻听则比较模糊不清，而且不是通过耳朵听到的，不作用于感觉器官，是从脑海‘长’出来的幻听。”医生继续解释道，“幻觉是非常常见且重要的精神病性症状之一，是我们判断精神疾病的一个重要依据。当然，正常人有时也会产生幻觉，但正常人的幻觉常常是短暂的、一过性的，幻觉的内容通常也是变化的，如果长期、持续性大量出现幻觉的话，就要留心了。至于小转，她的幻听程度怎样，还有没有其他内容的幻听，有无其他症状，等等，要等她的心理测验结果出来之后才能判断。”

已到下班时间，小转还没拿心理测验结果过来。我们这一天的见习结束了，走出医院大门，发现天色已渐暗，这里没有市区的喧嚣，黑夜的笼罩让医院周围的一切都变得朦胧安静，路灯在暮色中星星点点地亮着。路上行人来来往往，每个人都在为生活奔波着，有很多人也像小转一样被困在抑郁症这个无形的笼子里，也许在无数个难熬的夜晚，他们也在为挣脱这个笼子而努力，他们并没有停止奔赴生活的脚步，现在只是因为遇到难以攀登的山峰而稍作调整，希望他们最终都能越过那个山峰。或许，绕过去，峰回路转，会看到不一样的精彩。

梦　魇

我们当天去的是儿童青少年病区，不同于其他精神科室，儿童青少年病区与森田病区相邻，都在同一个大院。大院里绿树相映，微风轻拂，八点多的太阳透过树叶间隙照在人身上，暖洋洋的，深吸一口气，还能闻到花草树木清新怡人的气味。中式的楼台庭园错落在树林之中，红墙绿瓦，鸟儿清脆的啼叫声点缀其间，别有一番世外桃源之感。

光滑的鹅卵石铺成的小道两旁还有几座凉亭，有人正坐在凉亭中的小木凳上吃早餐。我们在树阴底下等待不久，周围就响起了广播体操的声音，熟悉又富有活力的旋律让我们重新回到了中学时代。广播体操好像是病区的“起床铃”，不少患者此时披上外衣、揉着眼睛，迷迷糊糊地走出房门。年纪稍长的慢慢汇聚到一旁的操场上，他们应该是森田病区的患者。患者跟随广播的节奏摆动着身体，有些做得很认真，看起来活力满满，有些则是懒洋洋地晃动几下。此番景象，似乎也呼应了森田病区的一大特色“顺其自然”。

大致参观完整个大院的环境后，查房时间也到了。钱医生身着白大褂从不远处向我们走来，和善地和我们打招呼，虽然戴着口罩，但是依然能看出她的眼里带着笑意。我们跟在她身后，听她介绍儿童青少年病区的一些基本情况。儿童青少年病区收治的是儿童和青少年患者，由于是开放式病区，患者可以在病区内随意活动。

早上患者大多和家属去散步了，前两间病房空荡荡的，没有看到患者。走到第三间病房的时候，我们看到了一个扎着马尾辫的女孩安静地坐在床边，面无表情，呆呆地望向某一处，被子随意地卷到一旁，一只棕色的小熊公仔放在枕头上。

我们走到窗前，她像是听到了脚步声，随即把视线转移到我们身上，眼里带着疑惑，有些不解地看向一群白大褂中她唯一熟悉的人——钱医生。

钱医生笑着走到她身旁，轻轻拍了拍她的肩膀，望向我们，介绍说：“小伊，这几位是和我一起查房的实习医生，如果你愿意的话，待会可以和他们聊聊天。”在钱医生介绍的时候，我们纷纷举起手向她打招呼，原本安静的病房变得热闹起来。被这热情的气氛所感染，她也同样微笑着点头回应，圆圆的笑脸给人一种稚嫩乖巧的感觉，只不过浅浅的笑意并没有把她脸上的疲惫之色掩盖住，眼眶下方乌青的黑眼圈格外显眼，脸色有些泛白，整个人看起来没有什么精气神。

走近床边，我注意到床头上贴有患者的一些基本信息，如年龄、姓名、入院时间等，但是字体有些小，我眯起眼睛，才勉强看清楚上面的字，女孩叫小伊，才十三岁。钱医生翻开记录本，开始询问一些常规的问题，比如睡眠和饮食是否正常，是否还看到或听到一些不好的东西。

“有，我有时候会听到有人叫我去死。”小伊平静地和钱医生说起她最近听到的内容。

“那这些声音你在现实生活中听到过吗？”钱医生看着小伊问道。

“好像听到过，那些人还一直说我的坏话。”小伊朝上看，像是在回想着什么，还把一旁的小熊公仔紧紧抱在怀里，头埋进柔软的小熊公仔身上。

“哪些人？他们说你什么坏话，是在哪里说呢？”钱医生坐到床边，摸了摸小伊埋着的头。

感受到钱医生的触碰后，小伊抬起头，额前的刘海有些凌乱，委屈地说：“他们在学校里一直说我的坏话、针对我，还说我喝血，可是我明明没有做这样的事。”

听到这里，我猜测小伊也遭受过校园暴力，而且校园暴力的阴影在她心里一直挥之不去，幻听的内容也大多是之前校园暴力中发生过的。待在医院这几天，我接触过的青少年患者、看过的病历里有很大一部分都曾遭受过不同程度的校园暴力，他们大多内心脆弱、缺乏安全感，不太愿意与别人有过多的交流，还封闭自己的内心，似乎只有这样他们才不会再次受到伤害。就像小伊，在和医生聊天时一直抱着小熊公仔，也是一种缺乏安全感的表现。

“那你最近睡得还好吗？”钱医生看她情绪有些低落，换了一个话题。

她沉思了一会，看向钱医生小声说道：“我昨天晚上做噩梦了。”随后又垂下眼帘，看向别处。

“梦到了什么呢？”钱医生追问道，拿出笔快速在记录本上写着些什么。

“我梦到……我梦到了几个自杀的场景。”小伊低着头，看向绞在一起的双手，下巴紧贴在小熊头上。

“具体是什么样的场景呢?”钱医生进一步追问。

“就是梦到了晚上在很高的楼上跳下去，还有在浴室里自杀，流了好多血。”小伊异常冷静地说出来，语气平缓。我没有在她眼里看到恐惧的神色，就像在说“今天天气很好啊”一样。

小伊说的时候，我的脑海开始闪现她所说的场景，这两个场景在我脑海中切换，我不由得打了个寒战，鸡皮疙瘩瞬间从手臂上冒出来。一个十三岁的少女竟能如此平静地说出这些，或许是因为在现实中经历过比这梦魇更可怕的事情吧。

在钱医生的进一步询问中，我们了解到，因为病情比较严重，小伊已经休学一段时间，现阶段主要症状表现为性格敏感、易怒、情绪不稳定，有自残、自杀和幻听现象。小伊之前在学校成绩很好，还是语文科代表，但是现在休学了，由于担心自己太久不上课会留级，心理负担太重，她已经进入重度抑郁阶段，并且伴有双相障碍和精神分裂。

钱医生在查完房之后，告诉我们小伊已经出现了敏感内容泛化的情况。“泛化”这个词我曾经在心理学专业课上听到过，心理学上的泛化是指条件作用形成后，机体对与条件刺激相似的其他刺激做出同样的反应。小伊在学校听到其他人谈论时，即使谈论的对象不是自己，她也会自动代入，认为其他人在说自己坏话，还不时“听”到有人叫她去死。

听了小伊的讲述，我想起读过的一本东野圭吾的书《恶意》，里面也写到了校园暴力，接近末尾时有这样一段话：“令他害怕的，并非暴力本身，而是那些讨厌自己的人散发的负面能量。他从来没有想象过，在这世上竟然会有这样的恶意存在。”

纷繁尘世之中，善与恶同时存在，“良言一句三冬暖，恶语伤人

令他害怕的，并非暴力本身，而是那些讨厌自己的人散发的负面能量。他从来没有想象过，在这世上 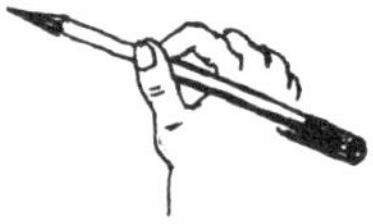 竟然会有这样的恶意存在。

六月寒”，有些话说出来能让人在寒冬中被暖意包围，然而有些话说出来即使是在炎炎夏日也会让人如临风霜，语言的威力不容小觑，轻飘飘的一句话也能刺痛人心。

谜

这天我们去的是睡眠障碍病区，一进入病区，就看到大厅摆放着一些滴滴作响的仪器，有些患者已经坐在那里接受治疗，有些患者还在床上睡觉。早上九点多，我们跟着医生去查房，浩浩荡荡的队伍在病房里来回穿梭，由于人数太多，我有点难以听清医生和患者的谈话。查完房后，我大概了解到虽然是睡眠障碍病区，但是这里的很多患者都患有不同程度的抑郁症或其他类型的精神疾病。

睡眠障碍病区有一个活动室，里面有一些娱乐设施，比如乒乓球台、麻将桌，还有几副纸牌和棋。考虑到有些患者可能不愿意直接和我们说自己的情况，毕竟对于他们来说我们是一个个陌生人，因此带教医生建议我们先和他们一起玩一玩，在患者对我们建立信任的基础上，再慢慢了解情况，可以先从一些日常的话题聊起。

在那里，我遇到了小愿。我们几个和患者坐在一起玩牌的时候，她就站在离我们几步远的地方，穿着淡黄色连帽外套，眼睛圆溜溜的，长发披散着，饶有兴趣地看向我们手里的纸牌。我余光瞥到有人在看我们，连忙转头看她。她也看向我，脸上挂着淡淡的笑容。我问她要不要加入一起玩牌。她笑了笑点点头，但可能由于周围都是陌生的面孔，她没有马上走近我们，而是站在原地踌躇着。我把凳子拉开站了起来，让她坐到我的位置上。在重新洗牌发牌后，我发现她不太懂游戏规则，拿着一手牌，有点不知所措，于是我就在一旁教她。她在玩牌的时候话不多，但是情绪明显比之前活跃些了，慢慢地融入我们热闹的氛围中。

吃饭时间到了，食堂的工作人员推着餐车过来，轮子在陶瓷地板砖上“呼噜噜”地滚过。患者们闻声而来，铁制的餐盒整整齐齐地码在餐车上，饭菜热腾腾的，还冒着热气，几个患者已经排成了一个小队，牌局上的其他患者也纷纷去吃饭了。

小愿还没有要去吃饭的意思，怕她饿着，我便和她商量先去吃饭，待会再陪她玩。她有些不情愿地小步走到门口，突然停下脚步拉着我的手，问我什么时候走，眼里盛着不舍。由于见习只有五天，在每个科室只有一天的学习时间，我就拍拍她的肩膀，如实告之，我只能在这里待一天，中午休息一下，下午还能继续和她一起玩。话音刚落，她的情绪瞬间低落下来，握紧我的手，眼里带着期望，小声地问：“能不能别走呀，明天还来陪我玩好不好？”我感觉眼睛热热的，鼻子酸酸的，眼镜也蒙上了一层雾气，有点不舍和心疼，还有一种被需要的感动。

虽然我和她相处的时间不长，但是能明显感觉到她非常渴望和朋友一起玩的急切心情，很享受和朋友在一起的欢乐时光。因为饭点已经到了，患者们吃完饭后还要按时服药，为了不耽误她服药的时间，我们陪着她先去吃饭。

小愿撕开一次性筷子的塑料包装，有些吃力地掰开筷子，再一小口一小口地挖着米饭往嘴里送，吃饭间歇还看了看我们。她吃饭的速度比较慢，而且是专注地挖同一块地方的米饭，菜也没吃多少，我们告诉她多吃些菜才有营养，她只是口头上答应，依旧没有动多少餐盒里的菜。病房里有电视机，正放着《熊出没》，她的习惯是边吃饭边看电视。动画片还没放完一集，她就已经吃完午饭了。我看了看餐盒只有三分之一的地方被挖空了，米饭上的苦瓜炒鸡蛋和蒸肉饼也没动多少。我劝她多吃几口，她却说已经饱了，看起来病恹恹的，没有什么食欲。我答应她下午再来找她玩，让她先好好休息。

午休过后，我们去病房找她，等了二十多分钟她才醒来。从早上的聊天得知，她来到这里差不多一个月了，能一起玩的朋友很少。下午，我们去看了她的病历，上面记录着她被发现患重度抑郁症时，症状已经持续一年多，有过自残、自杀的情况，但是病历上没有说明具体的原因。

我们几个继续在聊天室的麻将桌上聊天，我们把麻将垒得高高

的，再一个个抽掉，看着摇摇晃晃的“麻将楼”什么时候会“啪”的一下倒塌，或者把麻将整整齐齐地码在一起。小愿的兴致很高，沉浸在欢乐的时光中。

我问小愿想不想早点出院去学校，她低头沉思了一会儿，看了我一眼，小声摇头说不想。当我进一步追问她不想去学校的原因时，她却不愿意再多说，为避免引起她的消极情绪，也出于尊重患者的意愿，我马上停止了这个话题。其实，我推测小愿患抑郁症应该也与学校有关。

这天过得尤其快，到了必须说再见的时候，小愿带着不舍和我们挥手道别。她的病因对我们来说仍然是一个谜，她从前经历了什么，是什么导致她患上重度抑郁症，我们不得而知，希望小愿能早日康复，做一个开心快乐的女孩。

走出医院的大门，夕阳已经藏进云层，天色泛灰，晚风徐徐，裹挟着丝丝凉意，吹动路旁的树叶。长庚星早早地穿过薄薄的云层闪着亮光，不同于月亮似玉圆盘般的皎洁清亮，不留意看可能感受不到它的存在，但是它也在努力地释放光亮，希望小愿未来也如长庚星一般，穿越片片云层后仍能释放光芒。

无论春风，无论秋雨，无论朝霞，无论余晖，在心中注入韧性的温柔，让它变成一道曙光，指向可期的未来。

缝隙有光照

赵艳玲　曾玲娟

我喜欢看蓝色和绿色，因为它们可以使我在心情焦躁的时候平静下来。或许他们也一样，在另一个世界捕捉到的丰富色彩，能给他们的内心带去意义……

心理疾病一直被社会边缘化，现在它却似乎“来势汹汹”，越来越多的人把这个词挂在嘴边。此前，我未曾想过自己会在一个特殊的医院正面相遇一群特殊的人，他们神秘而又熟悉，我以十二分的热情与真诚，轻轻地靠近他们，细细地倾听他们。

我将这篇见习报告取名为“缝隙有光照”，是希望每个人都可以用接纳包容的心态去看待自己的不足以及这些不足所带来的生活中的不顺，我们不需要做一个完美的人，而只需要做一个自己喜欢的自己。我非常喜欢周国平在《风中的纸屑》中的一句话：“世上有味之

事，包括诗、酒、哲学、爱情，往往无用。吟无用之诗，醉无用之酒，读无用之书，钟无用之情，终于成一无用之人，却因此活得有滋有味。”生活的价值不在于有用，而在于有滋有味，因此它并不需要我们完美。

为了这一次医院见习之旅，我兴冲冲地去找了一本《我们这儿是精神病院》的书，作者小安是在精神病院工作了三十年的护士，书中的精神病院有一条落满樱花的小河，那里还有一条小桥，一座花园，护士会带着患者们去看电影，在山花烂漫的春天去踏青，患者们唱歌、踢球、吵架、生病、谈恋爱……

这天我们到封闭式病房见习。“吧嗒”，沉重的铁门被医生推开，里面的一些人朝我们望了过来。跟着两位医生走进去，我迅速环视了一下里面的情形，有些人靠墙站着，一言不发，目光涣散地盯着脚下，有些人漫无目的地在屋子里走来走去，还有一大群人围着一个牌桌看打牌。

很快，我们被一群人围了过来，他们七嘴八舌地跟医生打着招呼。

医生早已司空见惯，一边从容不迫地应答，一边带着我们费了一些劲才从包围圈里“突围”出来。上午，医生让我们提前阅读两名病情已经比较稳定的患者的病历，好对他们的情况有大致的了解。

下午，我们小组又一起来到了那道大铁门前。铁门里还有一道关卡，一张大长椅挡住了大半边的路，椅子上坐着一位值班医生，看着里面的患者以防他们打架或者趁大家不注意时跑出去。

向值班医生说明了来意之后，他让我们通行，大声朝人群那边喊了几声。不一会，一个有点胖胖的中年男子小跑着过来，他有些不明所以地看着我们几个人，值班医生跟他解释了我们的意图。

“叔叔，我们听医生说你快要出院了？”我率先问道。

一听到这句话，男子脸上立马笑出了一朵花，连忙说：“是啊，是啊，我现在好多了，再过几天家里人就要来接我回家了。”

“你想家吗？”

“当然想，但是生病了不能在外面乱跑，我最想我的小孙女了。”提起小孙女，他脸上的“花朵”更大了，“她很可爱！”

我们相视一笑，继续问道：“你最近心情好吗？睡眠怎么样？”

他不假思索地说：“挺好的，想到要回家了，睡得也很好。”看他笑得那么开心，确实是想极了他的小孙女。

“你是自己来到这里的，还是家里人送你来的？”

男子的眼睛滴溜溜地转了一圈，露出了迷茫的表情：“啊？我忘记了。”

我们认为他不愿意谈起这些事情，赶紧换了一个话题。

“叔叔，你最近还能听到有人和你说话的声音吗？我听医生说，你老是会自言自语。”同行的小颖为了让男子不那么紧张，露出了满脸笑意。

“我从来都没有听到过别人和我说话！我自己也没有神神叨叨地自言自语，你们是不是搞错了？”男子连连摆手否认，露出一脸惊讶，仿佛我们说了什么荒唐的话一样。

“那叔叔你有什么爱好？”眼见气氛不对，小余忙岔开了话题。

提起爱好，男子马上又乐呵呵了：“我没住院的时候很喜欢看足球比赛。”

“那现在还喜欢看吗？”

“很喜欢，现在还有看足球比赛的习惯。”正好有几个男同学，他们马上就足球比赛的话题侃侃而谈。

“叔叔，你觉得自己有什么很了不起的能力吗？”看他们聊得比较活跃了，我见缝插针地问了一句。

“怎么会呢？大家都是普通人，我没有什么了不起的能力啊。”

“那你生病的时候觉得自己有超能力吗？”

男子手里拿着一包医院发的零食，毫不犹豫地摇了摇头。

“那叔叔你还记得中考那个时候的事情吗？”在他的病历中我们看到，他是2008年中考失败后逐渐精神失常的，一直嚷着要去为南京大屠杀作证，并认为家里人送他来治疗就是为了阻止他去作证，因此我认为他对这一段记忆会有比较深刻的印象，但是他对这个问题依旧回答不上来。

我和同学对望了一眼，都有点惊讶，病历上可是清清楚楚地写着：“心情好和心情差交替发作，疑人害，言语异常十二年，夜间睡眠差，只睡三四个小时就精力充沛、兴奋话多，经常喃喃自语，认为自己很有能力，别人都针对他、要迫害他……”

后来医生过来叫他去做治疗，男子如获大赦般地走了。

从接触的情况来看，这名男子的表现与病历本中记录的并不同，怎么会有这么大的出入呢？我们百思不得其解，于是决定和他的主治医生交流讨论一下。

“这种情况有两种可能。第一种是患者在自知力恢复后有了病耻感，不太希望别人知道他生病的事实，而且这些病情对于他自己来说，也是一段不好的记忆。他可能怕你们觉得他没有痊愈，影响他出院回家，所以不大愿意和你们说太多。第二种是患者有谵妄症状，这是以意识障碍为主要特征的症状，在谵妄期间患者会因为错觉和幻觉产生继发性的片段妄想和冲动行为。谵妄通常在十至十二天可恢复，严重的三十天左右。和你们接触之前，他已经在医院进行药物治疗很久了，病历本上记录的症状经过治疗之后好转，他的确忘记了疾病发作时的情形。”医生解释道。

从医生办公室出来之后，在医生的帮助下，我们见到了第二名交流对象，他是一个瘦高个，全身上下都干净整洁，只是看上去睡眠欠佳，眼下一圈乌青，一副没有精神的样子。他到我们身边坐下之后，一直紧张地搓着手。

“叔叔，你最近睡眠好吗？”我们问。

他马上开始向我们大倒苦水：“晚上睡不着，老是睡一会就醒了，睡眠断断续续的，没个准，一天能睡上四小时就已经很不错了。”

“那你是自己来这里治疗的，还是家里人送你来的？”

“是我自己来的，我知道自己生病了，家里还有小孩，早点把病治好，就能早点回家看小孩了，不然我情绪不稳定，小孩和他们的妈妈也不安全。”这个叔叔很健谈，每当我们开始一个话题，他马上就能够接下去。

“我看病历上写着，你有控制不住想要洗手的习惯，每次想去洗手的时候，你心里是怎么想的？”

“我老是觉得自己手上有脏东西，老想去洗，其实我心里知道手上什么也没有，但就是控制不住。”说起这些，他露出了很苦恼的表情。

“叔叔，你之前提到自己睡眠很差，有时候能睡四五个小时就算好的了，你是因为什么睡不着呢？”我追问道。

“就是脑袋里想很多东西，忍不住想！看到电视里说打仗了，就想着会不会有一天打到中国来。如果打到中国来了，我们又该怎么办？我还会去想世界上有没有外星人，如果外星人要占领地球，那人类应该怎么办？我也知道这些事情大概率不会发生，但就是会控制不住地杞人忧天。”说完，他又无意识地搓了搓自己的手。这印证了病历本上记录的“控制不住想要洗手”。

“每次出现这些想法的时候，你是怎么想的呢？或者说你是怎么面对它们的？”

“我经常想着这些想法不应该出现，想去克服，但就是克服不了！感觉它们就像被谁强塞进我的脑子里一样。”叔叔两手一摊，做无奈状，“所以我就来这边治疗了，想治好了早点回家。”

经过一番谈话，我了解到他身上存在着典型的强迫症状。强迫症包含强迫观念和强迫行为。强迫观念是持续反复的念头、影像或闯入意识的冲动，这些念头让人讨厌但又很难被消除或被控制。患者也意识到这些观念是不合理、不适宜、没有意义的，他们总会试图用另一种想法或行为来压制或协调这些想法，于是就会呈现出强迫与反强迫的斗争。强迫行为是对强迫观念的反应，包括固定仪式，如洗手、检查等，或心理活动，如数数。这名患者就表现出强迫性穷思竭虑和强迫性洗手的症状。我有些好奇，为什么他不是在森田病区接受治疗，而是来到了封闭式病房呢？后来我就这个问题请教了带教医生，医生夸奖我会思考问题。原来这名患者就是从森田病区转过来的，在森田病区治疗期间，医生发现他的一些强迫观念有被插入感，认为自己脑袋里的某些想法不属于自己，是被别人强行塞入的，这是一种思维体验障碍，怀疑他为精神分裂症。

在我们和这个叔叔交谈的时候，旁边稀稀拉拉地围过来一些患者，他们也很好奇地听着，还时不时地就我们的谈话内容进行各种揣测。医生对他们说："你们怎么全围到这里了？都散开散开，你们还想不想回家了？"一听到可能不让"回家"，一群人哗啦啦地赶紧散开了。

在这里我还看到了两个年纪和我相仿的学生。其中一个戴着一副眼镜，长得很帅气，腋下总是夹着一本书，看见我们和医生进来就一直跟着我们，一会说要吃泡面，一会说自己根本没有病要出去，一会又说妈妈已经同意他出院了，见医生一直没有搭理他，便悻悻地走到一旁的桌子边和其他患者下象棋，但眼神总是瞟向我们这边。

"刚刚那个男生看起来没有什么问题啊。为什么他也会在这里？"我低声问身边的医生。

"他患有被害妄想症，平时好好的，发起病来就想打人，家里人都被他打了个遍，他们受不了了才把他送到我们这里来的。"医生继续补充道，“这种读过大学的患者最难对付，他们有自己的思想，你说什么他们听不进去就算了，有时候还会把你绕进去。”说着她也笑了。我一下子想起变态心理学老师讲完一则精神病患者的故事后说的一句总结性的话：精神病患者并不是智力落后的人，有些患者智商还挺高，正所谓“天才和疯子只有一线之隔”。

还有一个男孩才刚刚上初中，听医生说似乎是家庭教育和校园暴力导致他有了很严重的暴力倾向和被害妄想。我们遇到他的时候，他正在“神游”，医生拉着他问：“你怎么还在走，不累吗？”他被医生拉停了下来，但身体一直保持着前倾的动作，眼睛没有任何聚焦，涣散地望着前方，医生问什么他都充耳不闻，一言不发地保持着停下来

的姿势。医生叹了口气，放开了他的手，他又漫无目的地向前走去。医生说，他已经走了好多天了，晚上不吃药的话，他会一直在病房里走来走去，总觉得有人要害他，只有一直走动他才会有安全感。他已经闯过三次大门了，每次只要看到大门打开，就以迅雷不及掩耳之势往外跑，为此被关了好几次重症病房。目前已经治疗了一个多月，也没有好转，就一直在这里住着。

这里的患者好像对“家”这个词都有着一种敏感性，虽然我不能确切地理解“回家”这两个字在他们心目中的特殊分量，但是我可以感觉到，那一定是他们心里最柔软的一块地方，无论多么不配合的患者，只要医生一说到“回家”他们都会安静下来，可能在潜意识里，家就是他们心中最为安全与温暖的一个地方。

晚上在回学校的车上，我再一次想起了小安故事里那个飘满樱花的精神病院，这儿的患者也如同小安故事里的患者一般，每天脑袋里涌现出各种稀奇古怪的念头，但又对蓝天、阳光、亲情与爱这一切美好的东西充满向往与希冀。铁门内外不外乎都是众生相。

在还没有学心理学的时候，我对它的所有印象都源自影视剧，在我的心中它比魔法还神奇，但当自己真正接触了这个学科后，有一种非常奇妙的感觉，它就像是一个布满尘土的物件，你一点一点地接近，慢慢用清水擦拭，在你的注视之中，它会被还原成干净的模样。

在我没有进入精神病专科医院见习前，我对它的了解也仅仅来自别人的描述。由于患者的特殊性，大众对精神病专科医院总有一定的偏见。我曾以为精神病患者都是疯疯癫癫的，还有很强的攻击性，但是当我真正走到他们面前时，我才发现，他们很多非常温和，有些还会主动过来和我们聊天，说起他们的故事和理想，对于出院以后的生活，他们都有满满的规划与希冀。每当他们与我谈论起这些的时候，我发现他们就像是长在裂缝里的一株株牵牛花，有着蓬勃的生命力，只要遇到点滴阳光，就能够向上攀爬，迎着阳光绽放。

为期五天的见习，从第一天进去时的惴惴不安，到最后一天的依依不舍，这一个星期确实收获了很多，也让我从中领悟了很多。从这次见习中，我看到了专业知识的重要性，只有专业知识足够扎实，在面对患者时才能够用最快的速度将他所诉说的症状与所学知识相结合进行诊断，在“看见”中学习。这确实是很锻炼人的过程，它不仅能够很好地考查自己对知识的掌握和运用，而且会发现很多患者的情况与书上所描述的相关症状还是有一些出入的。而如何用自己所学的知识去解决这些已经超出课本的问题，是一个很有价值也很有趣的过程。

通过这次有意义的经历，我看到了网络文化参差不齐和过度入侵给青少年带来的影响与危害，盲目的模仿和消极的暗示增加了暴露在网络中的青少年的风险。对于青少年来说，友伴关系成为影响其心理健康的重要因素，校园欺凌会对青少年造成极大伤害。我也感受到了家庭在每个人心中的分量。无论大人还是小孩，我们在重视身体健康的同时，也要多关注心理的健康。慢慢理解世界，慢慢更新自己，即便是独自撑伞的日子，也要让自己平安穿越风雨。当一个人使劲踮起脚尖靠近太阳的时候，阳光会不吝温暖。

感同身受

王子璇旸　曾玲娟

这世界上美好的事物那么多，江川河流、日照金山、星辰大海、诗与远方，哪个都值得追寻，来人间一趟，我们一起去看看太阳吧！

时间过得飞快，回想一周的见习，让我印象最深刻的是在精神科情感障碍一病区的所遇所感。这是门诊楼里的封闭式病房，是在老师和医生讲述各种注意事项时着重强调的地方，也是精神病专科医院里最神秘的地方。

即便是在之前的培训中说明了注意事项，在进入病房前，带教医生仍然不厌其烦地嘱咐了一番，然后才带我们一同进去查房。不同于开放式病房中丰富的环境设置，这里每一间病房的摆设都非常简单，除了床，几乎没有其他设施，大概是为避免患者病情发作时缺乏自制力，从而做出伤人毁物的危险行为吧。

遇见的第一名患者是一个小女孩，我们走进去时，她显得有点恐慌，眼睛不敢直视医生。

医生问道："听护士说昨晚你的情绪比较激动？"

女孩没有回答，眼神回避着医生。她旁边的母亲回答道："昨晚她情绪激动，根本没办法控制，不停地翻滚哭喊，怎么都止不住。"母亲的眼神里充满了心疼和无助。

医生弯下腰轻轻地问女孩："昨晚发生什么事情了？"

她不安地看了看我们，然后头更低了，用极弱的声音说道："有人要杀我……他们……他们不停地在我耳边说要我死，要杀了我。我好害怕，我不知道要怎么办……"她的语气里透着恐慌和焦虑。

医生耐心地安慰她："你现在在医院里，医生和护士姐姐们会保护你的，妈妈也在陪着你呢。"

我看到她惴惴不安地看向窗户，病房没有开灯，光线有点昏暗，她的眼神游离不定，时而看向窗户，时而看向我们。我在想窗户那里一定有她害怕的东西不时地出现，只是具体是什么我们一无所知。透过她的眼神，我感受到她对我们的到来是紧张害怕的。为了缓解她的情绪，戴着口罩的我努力向她微笑，希望她能从我的眼神中读取到我和昨晚出现的那些声音不一样。

我在想，她昨晚的情况应该就是老师在课堂上提到的知觉障碍中的命令性幻听，听到有人命令自己去自杀。我想得出神，以至于没有发现一名患者从门口进来，离我很近很近。

当我注意到他时，恐慌感让我无意识地后退了一步，因为在进入病房前医生嘱咐我们不要让患者站在自己的身后。好在那名患者没有进一步的举动，而是回床上休息了。

医生又询问了女孩的用药、饮食和排便情况，叮嘱了一些注意事项，然后带领我们朝下一个病房走去。

第二名患者的情况超出了我的想象，病房里只有她一个人。我看到她的四肢被绳带束缚在床上，整个人好像木乃伊一样躺着，没有表情，也没有任何动作，她甚至好像意识不到有口水从自己的嘴角流出，眼睛睁得很大，但却空洞无神。医生走到患者身旁，细心地为她擦去口水、戴上口罩。我仔细观察着她，她好像并不知晓此时有医生来，眼神还是空空落落的。医生打开小手电筒照了照她的瞳孔，她没有任何反应，似乎那束光根本不存在。在医生为她测量体温时，她也没有任何反应，医生只好将她的手臂吃力地抬起，给她放好体温计。

医生顺便问坐在一旁的家属："昨晚有什么情绪不稳定的状况发生吗？"

家属是患者的母亲，皮肤黝黑，瘦瘦小小，脸上的皱纹和斑白的头发显出她的憔悴和绝望，用我们听不懂的方言向医生诉说。

医生见状，继续耐心地询问家属，并一遍遍地重复患者目前的状况。由于听不懂普通话，家属很难理解医生所表达的意思。

尽管听不懂方言，但是我仍能感觉到这位母亲的绝望和无助，精神疾病给家人带来的痛苦是如此沉重，我的心里像压了一块石头，喘不过气来。

"主任，等下我来给这位阿姨解释。"一旁的护士说道。

我看到我的伙伴眼里也泛着同情和难过。我们从病房走出来，医生向我们解释道："刚刚这名患者就是精神分裂症状中的一个典型状态——木僵。患者在木僵状态时会僵卧在床，不吃不喝、不动不语、无表情、呼之不应。"

"我刚刚看到不管您对她做什么举动，她都没有任何反应。可是，为什么还将她的双手双脚束缚住呢？"我问道。

"你们别看她现在不动不语，但其实她的意识是清醒的，刚刚我们做了什么她都知道，在木僵解除后，她可以回忆起木僵期间发生的事情。木僵持续的时间长短不一，短的可能几小时、几天，长的可能几个月甚至几年，既可逐渐消失，也可突然结束。有些患者是突然进入兴奋状态，或木僵与兴奋状态交替出现，当由木僵转入兴奋状态时，患者就可能会伤人毁物。这名患者在发病期间情绪激动，难以控制，做出过伤害自己的行为，比如捶打、咬伤或掐伤自己。为了保护她，只能将她的四肢束缚住。”医生耐心地给我们解释。

当我还沉浸在查房看到的情形和感慨中的时候，医生打开了那道带锁的大门，带我们踏入了患者们自由活动的区域。这里面除了有活动大厅，也有一些病房，住的是症状较为严重的患者，但他们不在疾病的急性发作期。

刚进大厅，迎面走来一个身穿黄色毛衣的女子，看上去三十来岁，表情很不自然，看到我们仿佛看到了救世主一般，急忙跑过来激动地说：“医生，我没有衣服穿了，他们把我的衣服都偷走了，我好脏，我没有可以换洗的衣服，你能不能给我老公打电话送衣服过来，我没有衣服穿了……”还没等医生说话，她便一边喊一边屈膝准备下跪，刚好我离她最近，她就顺势朝我跪了下来，医生见状赶忙将她扶起并带去一旁。我被这突如其来的一幕吓得双腿发软，差点瘫倒在地上，同伴见此连忙伸手扶住了我。

我稳稳神，从刚刚的惊吓回到现实中。同伴们已经开始和部分患者交流了，医生也暂时离开了大厅。黄衣女子再次向我走来，不知道医生是怎么安抚她的，看上去她的情绪比刚才平静了许多。她抓住我的双手，就像抓住了希望一样，带我去一旁坐下。我学着医生的语气问道：“你昨晚睡得好吗？”

她声音颤抖地回答道：“没睡着，我听到有人让我打坐，让我赎罪，让我死……”我仿佛在听恐怖小说，汗毛都竖了起来。

“他们？那些让你打坐的人都是谁，你认识吗？”我接着问。

“是骂我的人，我不认识，有男有女……我打坐了一晚上在赎罪，我不敢睁开眼睛，我怕看到那个可怕的东西。”她的眼神里充满了恐惧。我猜测她昨晚应该是出现了评论性幻听和命令性幻听。

“你犯了什么罪？”我猜想她是不是有思维障碍，于是顺着她的话问她。

“我在网络上发表了不当言论，大家都谴责我、辱骂我，让我赎罪，我每天都按照他们的要求做，可他们还是不放过我。”

我判断她有点思维障碍，出现了思维散漫和思维破裂现象。正当我依据她的话语努力回忆《变态心理学》书本上介绍的精神分裂症患者的症状时，她突然站了起来，对着我身后鞠了一躬，而我知道我身后并没有人……

我镇定地问她：“你看到了什么？”

沉默了一会儿，她用手指了指刚刚她对着鞠躬的位置，回答道：“在你身后……”

虽然我知道她是出现了幻觉，但看着她一本正经的虔诚样子，我还是感觉手心开始冒汗，强装镇定地微笑着问她：“你看到了谁？他怎么会在这里？他是什么表情呢？”

“他是微笑着的，他说原谅我了，是你救了我，他让我告诉你，你是个善良的姑娘。”

听到这句话，我紧张的心情有所缓解，她的表情也舒缓了不少，我有点开心能帮助她稳定情绪。然而，这样的稳定只是暂时的……

聊天仍在继续，她与我聊到了她的家庭，说她的丈夫很爱她，但住院这么久从没来看过她。她又连忙向我解释，丈夫太忙了，要照顾孩子。我却隐约觉得她所描述的家庭只是她所向往的理想家庭的样子，现实情况也许并非如此。

“我想吃他亲手削好的苹果，他答应会来看我的，他给我写信了，还说会带苹果给我。”她的眼神里充满了期待，好像初尝恋爱滋味的年轻女孩。这句话却让我觉得她对丈夫的记忆好像停留在了书信时代。这会不会是创伤后应激障碍？是否在她身上发生了什么，让她抑制了一部分记忆呢？我不得而知，也不敢轻易去探询这方面的信息。

我安慰她，只要好好接受治疗，就能早点见到家人。她又多了点希望，激动地握住我的手。只是这次握得很紧很紧，让我再次感受到不安和慌张。

突然，没有任何征兆的，她用另一种完全不同的语气和我说话：“快告诉医生，不要喝那杯酒，酒里有毒，他要害死医生！”她的语速加快，语气紧张，好像变成了另一个人。

“中国共产党和毛主席是最伟大的！”此刻的她又好像是一位即将上战场的英勇无畏的战士。

“求求你告诉他们，别来杀我，别来找我……”她又换了一种软弱的语气恳求我。

我感到她的思维逻辑越来越混乱，语序越来越不通顺，仿佛是一瞬间有好几种人格出来和我交流，我愈加紧张害怕。我想让她平静下来，急忙问了一句：“这些话是你要告诉我的吗？”

“不是，是有人让我这样说的。”通过她的回答，我大概判断她出现了思维体验障碍中的思维被插入感，她认为自己大脑中某些想法不属于自己，是别人让她说的。她始终攥着我的手，我挣脱不开，也害怕极了。直到她像触电一般身体抖动了一下，然后眼神呆滞目视前方，不停发出“嗬嗬嗬……”这样急促的声音。我急忙寻求医生的帮忙，同伴见状也过来扶住我。

医生见此情形，为稳定她的情绪，走到她身后，用手臂从背后环住她的脖子，尝试让她一点点远离我，我的手被扯得通红。终于，她松手了，但依然指着前方。紧接着她又触电一般抖动了一下，仿佛回到了现实，对着我连忙道歉，问是不是吓到我了。

我以为她平静下来了，不曾想，不到一秒钟的工夫，她转头对着我喊道："月月！你为什么不听你爸的话！要听你男朋友的！"

医生见我面色紧张，便让护士开门带我们离开了这片区域。

回到医生办公室后我久久不能平静，心里满是自责。医生安慰道："这名患者患有典型的精神分裂症，发病了便会如此，她和丈夫的关系很不好，和家里的关系也很糟糕，我们怀疑她的患病跟她的家庭情况有很大的关系。"

"我刚刚和她交流时，发现她语言逻辑混乱，很夸张，还出现幻觉和妄想，我不太能判断她说的到底是真的还是假的，比如她说发表过不当言论而被惩罚。"我向医生询问。

医生回答道："是的，你刚刚所说的这些都是精神分裂症的典型临床症状。至于发表不当言论，她倒没和我们提起过，可能是一种病理性的歪曲信念，这种信念与客观事实、所受教育水平、文化背景等不相符合，甚至荒谬离奇，但患者却坚信不疑，无法被说服，也不能加以纠正。而且你有没有观察到她是没有自知力的？"

"对！她一直说自己没病，不需要接受治疗。"

"通常精神分裂症患者是有自知力障碍的，患者对自己的幻觉、怪异想法和异常行为是意识不到的，他们不能认识到自己的精神活动有问题，不能意识到自己的病态变化，不认为自己有病，无自知力。"

第一次和患者有这样近距离而又直接的接触，我内心充满了紧张和慌乱，脑海里一直重复着她对我讲述的事。如果每一个患者在夜晚都会看到可怕的东西，听到可怕的声音，那将是一种怎样的绝望和无助，我不得而知。

在当天的见习结束之后，我将一天的经历告诉了伙伴，在诉说时仍觉得后怕。我想，是不是每一个有心理疾病的患者在无数个夜晚都是这样的恐惧，我第一次有了这种强烈的感同身受，因此对心理医生更加充满尊敬，他们不但要有精湛的医术，还要有常人无法做到的耐心、细心和爱心。我想看到光明，也想让每一个被困住的人看到光明。

“你被黑暗敲打，恰恰证明你是光明本身。”

后　记

前年，在反复修改完善这些故事期间，由于输入的信息量大且过于集中，除了入选本书的素材，还有几经斟酌决定放弃的素材，导致这些故事在我脑海里交替出现，甚至让我感觉自己的脑容量已经不够用。我努力修改完最后一稿，交给了出版社。如今，把经过编校的书稿用放空的脑袋再读一遍，突然又有了一种冲动：我想再写几句话。于是便有了这篇后记。

那一瞬间的冲动来自突然意识到的两个时间点的巧合。2020年初，一场突如其来的新冠肺炎疫情席卷全国，全民居家隔离，学生们度过了一个漫长的寒假。4月，学校陆续开学，家长们欢欣鼓舞，调侃着“神兽归笼”，但却有一些孩子在开学前后，以决绝的方式选择了离开。疫情、心理援助、心理咨询、心理健康教育……这些词语被更多的人知晓。2022年3月至4月，疫情依旧断断续续。在我校对书稿的时间里，又在网上看到了一些青少年儿童的极端事件。两年前的4月，也是由于极端案例的增多，我参加了一个会议，议题是关注学生心理问题、排查心理疾病、提高危机干预，这与今年青少年出现的心理现象太相似了！我想用本书传递一种生命观，让家长、老师借这些见习生的眼睛和耳朵去感受那些不堪生命之累的孩子的世界，去体验他们的心路历程。在校对书稿的那段时间里，我时常想起那些青少年走向极端的新闻事件，让我忍不住在课堂上跟学生们交流有关生命的话题。

作为心理学教学和科研工作者，我可以平静地用学科语言来讲述生死和危机，可是当我以当事人的家长或教师的身份代入其中时，各种情感五味杂陈：悲伤、绝望、愤怒、委屈、无助……我理不出头绪，而这些思考最后都默默地指向了一个问题——孩子，怎样才能停下你赴死的脚步？雪崩的时候，没有一片雪花是无辜的。我没有指责任何人的意思，事后排查、危机识别等措施是亡羊补牢，对旁人可以说为时未晚，但是，对那个决意离开的孩子来说，太晚，太晚……生命只有一次，他已不能重启。我在想，如果这个孩子心里有光，他是不是就不会死？如果这个孩子刚好遇到了一个可以给他光的人，他是不是也不会死？人是没有办法选择是否来到这世上的，但孩子在非自然状态下自主离开这个世界，是自己的选择。在他做出决定之时，一定有过挣扎，一定已经在负性情绪的笼罩下待过一段时间。如果在这段时间里，他有机会将这些负性情绪释放出来，光就照进去了。

情绪是动物与生俱来的一种本能，任何情绪，只要存在就是合理的。当然，合理不代表一定合适。也就是说，任何一种情绪的产生，无论是喜怒还是哀惧，其产生一定有必然的理由，但表达喜怒哀惧的方式和时间地点有可能是不合适的。世俗生活中，我们常常会去抵触负性情绪，但不管是正性情绪还是负性情绪，都是有能量的，尤其是负性情绪，如果不能及时宣泄出来，就像气球充气到一定程度就会爆炸一样。情绪一旦产生，就会持续一段时间，就好比在狠踩一脚汽车的油门之后，即便脚已经离开了油门，车子也会因惯性继续前行；在车子急速行驶时，若突然急刹，会很伤车，甚至可能翻车出事故。情绪也是如此。青少年儿童由于脑神经发育还不成熟，对情绪的控制能力很弱，就好比油门虽加上了，但刹车系统并不灵活，这时一些家长的做法就是让这辆情绪之车继续前行一段，而更负责任的家长是设法清除路障，确保车子在前行途中没有危险，等油耗尽了，车子自然就停下来了。情绪上头的孩子是不讲理的，允许孩子情绪的表达，其实就是对孩子的一种接纳，能够给予他们安全感和归属感。如果认为孩子表达的情绪不合适，那也应该是在接纳之后，等孩子的情绪平复了，再去跟他们探讨更合适的情绪表达方式。家长千万不要去压抑孩子的情绪，而是接纳他们情绪产生的理由，引导他们情绪表达的方式。

一定有不少家长愿意对孩子关怀爱护，一定有不少老师愿意设身处地去为学生着想。可是，很多家长说不知道该和孩子聊什么，甚至说，孩子根本就不愿意和家长聊天。同时，也有不少老师迷惑于“现在的学生脑袋里面到底在想些什么”。如果家长没有将自己置于孩子的处境中，自然就没法去体会孩子的感受，更不要说知晓孩子是怎么思考的，以及理解孩子了。那么，怎样才能理解孩子呢？首先就是要进入孩子的世界，时代的变迁、经历背景的变化，使得家长和孩子的童年不尽相同，而陪伴是家长进入孩子世界的最好方式。这个过程中，成年人可以去看、去观察，在看不准确也看不清楚的时候，就必须要听孩子说，所以“倾听”至关重要。当与孩子共有了一些资讯和话题后，家长才能“回应”孩子，孩子也才会乐意与家长互动，在互动中家长才有机会去指导孩子解决问题或者融洽亲子感情。

本书里的许多对话平淡如水，不尚虚华，但这些对话恰恰就是围绕日常展开的。枯藤老树，小桥流水，家长里短，八卦闲扯，这就是烟火人生。而话不投机，鸡同鸭讲，还有家长的自行“加戏码”，就会导致“站着说话不嫌腰痛”“有一种冷叫妈妈觉得我冷”的情况出现，常常让孩子避之不及。这本书里的每个故事，跟患者的每段对话，不管是医生还是我们的见习生，都把关注点放在患者身上。聊，还是不聊？聊些什么？所有的对话都以患者为中心，他们非常努力地进入患者的认知世界，接纳患者的情绪，尝试体验患者的情感，并在此基础上去倾听患者的需求。尽管我们的见习生对问诊和倾听技巧的运用还不够熟练，但这种尝试进入患者内心世界的努力还是被患者觉察并接受了。患者们从开始的防备到敞开心扉，再到依依难舍的变化，就是见习生们通过努力获得了患者交流心声的回报。短短五天，见习生们对谈话交流技术的使用越来越得心应手。我想，家长都有一颗爱子之心，他们或许能从这本书里看似无用的“废话式”聊天中得到一些关于谈话方法的启发，怎样通过谈话给予孩子接纳包容的安全感，在这一点上，家长是可以大有作为的。

手握流沙，虽不丝滑，但能感受到轻轻流动中的抚触。接纳孩子，就是给予孩子足够的安全感，无论孩子遭遇什么，都有一个声音在他脑海中响起“嗨，孩子，我一直在陪伴你”。这个声音，就是孩子生命险途中的那道光。青山尚在，生命仍存，才有转角花开的可能。

曾玲娟

2022 年 8 月